태어난
김에

생물
공부

태어난 김에

BARRON'S VISUAL LEARNING

한번 보면 결코 잊을 수 없는
필수 생물 개념

생물
공부

헬렌 필처
지음

고호관
옮김

윌북

과학은
어디에나
있기에

학교에서 시험 점수를 잘 받기 위한 공부만 하다 보면 도대체 내가 과학이나 수학을 왜 알아야 하나, 하는 생각에 빠질 수 있다. 학교를 졸업한 뒤에는 전혀 쓸모 없을 것 같은 공식을 외우고 빨리 문제를 푸는 일을 반복하다 보면 아무 보람도 없는 일을 하고 있는 것 같아 회의가 들기도 한다. 이런 경험이 쌓이다 보면 수학을 싫어하게 되고 나는 과학 체질이 아니라는 생각을 하게 된다. 그러다 보면 어느 순간 수학이나 과학과는 상관없는 일을 해야겠다고 결심을 하게 된다.

그러나 그런 생각은 취직을 하고 직장 생활을 시작하면서 바로 무너져 내리기 시작한다. 시험 과목으로 나눠놓은 틀 바깥으로 나오면 세상에 과학과 관계없는 일은 없기 때문이다. 과학은 어디에나 있다. 심리학을 공부하고 관련된 일을 하다 보면 뇌와 신경의 구조에 대해 알아야 하고, 역사를 연구하다 보면 결국 어떤 유물이 몇 년 전 것인지 방사성동위원소 측정법으로 따져야 한다.

하다 못해 주식 투자를 한다고 해도, 예를 들어 배터리 회사에서 전해액을 고체로 전환한다고 하면 그 기술이 얼마나 현실성 있는지 따질 줄 알아야 한다. 아파트나 오피스텔에 입주할 때도 고체음은 어떤 특성이 있으며 어떤 식으로 건물에 전달되는지 이해한다면 층간 소음에 더 유리하게 대처할 수 있다. 귀농을 해서 농사를 짓고 살기로 결심했다고 한들, 어떤 종자를 선택하고 무슨 비료를 뿌려야 하는지는 모두 생물학과 화학에 관련된 문제다. 스마트팜 같은 최신 기술로 농사를 짓기로 결심했다면, 정말 과학 없이는 아무것도 할 수 없다.

이런 식으로 오늘날 우리 사회의 모든 일에는 과학이 스며들어 있다. 세상 모든 일이 과학과 함께 움직인다. 특히나 한국처럼 기술 산업이 중심인 나라에서는 경제의 흐름이나 취직 문제까지도 과학과 대단히 깊은 관계를 맺고 있다. 그렇기 때문에 결국 세상을 살다 보면, 학창 시절에 과학을 좋아했건 싫어했건 과학을 알아가며 지낼 수밖에 없다. 당장 먹고사는 데 꼭 필요한 지식이기에 급히 익히고 넘어가다 보니 그게 과학인지 깨닫지 못했을 뿐이다.

이 책은 그렇게 얼렁뚱땅 넘어갔던 과학 뒤에 깔려 있는 기초를 탄탄하게 다져주는 책이다. 어쩌다 보니 이런저런 기술에 관한 일에 빠져들게 되었는데 도대체 그게 어떻게 돌아가는 건지 궁금할 때, 그래서 처음부터 제대로 이해해보고 싶을 때를 위한 책이다. 보고 있으면 마치 다시 태어나는 것 같은 느낌이 든다. 교과서에 담겨 있는 정보, 학교에서 가르쳐주는 과학의 기초가 차근차근 쌓여 있어 튼실한 기반을 다져준다. "그게 그 이야기였구나"라고 깨우치는 즐거움이 가득해서 부담 없이 둘러볼 수 있다.

무엇보다 그냥 보고 있기만 해도 기분 좋은 산뜻하고 명쾌한 그림으로 과학의 기초 지식과 원리를 설명해준다는 점이 큰 장점이다. 그냥 심심풀이 삼아 아무 페이지나 펼쳐 이리저리 연결된 그림을 구경하면서 시간을 보내기만 해도 머릿속 지식의 빈 공간이 채워지는 기분이 든다. 그러다 보면 지식이 그림으로 마음에 남기에 단지 과학 지식을 아는 것을 넘어서서, 그 지식이 어떤 느낌인지를 깨닫게 된다. 그런 과정에서, '에너지' '전자' '알칼리성'처럼 평소에 자주 쓰지만 무슨 뜻인지 정확히 몰랐던 개념을 깨닫게 되면 그렇게 짜릿할 수가 없다.

곽재식(SF 작가, 환경안전공학과 교수)

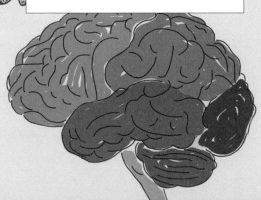

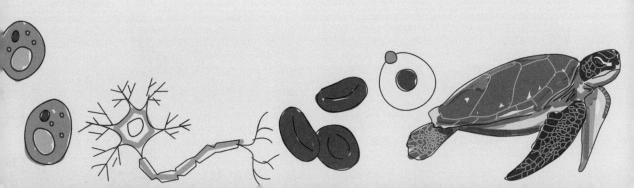

지구는 생명으로 가득합니다.

이 책은 생명을 연구하는 학문인 생물학의 모든 것을 다루고 있습니다. 건조하기 짝이 없는 사막에서
비옥한 열대우림에 이르기까지, 바다 깊은 곳에서 대기권 꼭대기에 이르기까지 생명체의 형태는
그야말로 다양하며 생명체를 연구함으로써 지구와 우리 자신에 관해 더 잘 이해할 수 있습니다.

그림이 가득한 이 책을 통해 우리는 생물학의 다양한 분야를 탐구하며
호기심을 키우고 지식을 향한 목마름을 달랠 수 있습니다. 예를 들어,
전부 암컷만 있는데 수컷 없이도 번식할 수 있는 도마뱀이 있다는 사실을
알고 있었나요? 자, 이제 새로운 지식을 알게 되었군요. 앞으로 읽을 이 책
속에는 이처럼 반짝이는 지식이 더 기다리고 있답니다.

『태어난 김에 생물 공부』는 생물학과 우리를 둘러싼 세상에 관심이 있는
사람이라면 누구라도 읽을 수 있습니다. 복잡한 내용과 과학 용어도
자세하고 명확하게 설명해줍니다. 이 책은 적절한 방식으로 다가가기만
하면 어떤 내용이라고 해도 누구나 이해할 수 있다는 관점에서 쓰였습니다.

인간은 모두 서로 다른 방식으로 세상을 경험합니다. 그리고 각자 배우는
방식이 다릅니다. 어떤 사람은 그림으로 배울 때 월등히 더 잘 배웁니다.
이런 사람은 정보를 시각적으로 제공할 때 더욱 잘 기억합니다. 이처럼
시각적인 방식으로 배우기를 좋아하는 사람이라면 이 책을 더욱 잘 활용할
수 있습니다. 어떤 사실과 개념이라도 가능한 한 그림과 도표로 압축
표현했으니까요. 상당한 양의 글이 그림 한 장으로 바뀌었습니다. 그림은
다채롭고, 설명은 유익하며 간결합니다.

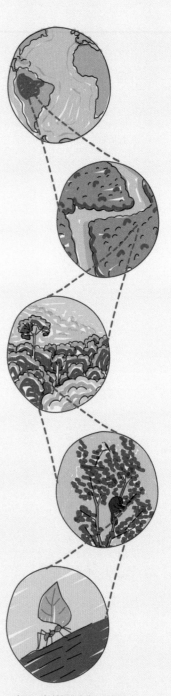

채찍꼬리도마뱀과 같은 일부 좋은
무성생식이 가능하다.

지구는 다양한 생태계로 가득하다.

『태어난 김에 생물 공부』는
광범위한 범위를 다루도록
만들었습니다. 생물학
교과과정에서 다루는 핵심 내용을
다루면서도 아직 교과과정에
들어가지 않은 최신 연구까지
포함했습니다. 예를 들어,
과학자들이 멸종한 털북숭이
매머드를 부활시키려 하고 있다는
사실을 알고 있었나요? 아니면,
일란성 쌍둥이도 유전자가
활동하면서 변이를 일으켜 결국 조금이나마 서로 달라진다는 사실은요?
후생유전학이라고 불리는 이 분야는 몇몇 인간의 질병을 이해하는 데
빛을 비추고 있으며, 과학자들은 이를 이용해 새로운 치료법을 개발하고
있습니다.

찰스 다윈은 자연 선택에 의한
진화론을 주장했다.

이 책은 11장으로 나뉘어 있으며, 가장 근본적인 질문으로 시작합니다.
생명이란 무엇일까요? 이어서 DNA와 단백질, 세포와 같은 생명체의
기본 단위에 관해 알아봅니다. 생명체의 다양성과 생명체를 분류하는
방법도 탐구하고, 역사상 가장 위대한 과학 이론인 자연선택에 따른
진화론에 관해 자세히 알아봅니다. 시간이 흐르며 생명체가 어떻게
변했으며 얼마나 많은 종이 생겨났는지, 이 이론을 뒷받침하는 증거가
얼마나 다양한지 알 수 있습니다.

일란성 쌍둥이의 DNA는 거의
똑같지만, 서로 매우 다른
사람으로 자랄 수 있다.

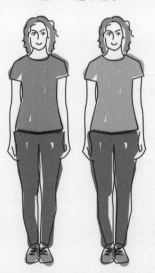

또, 인체가 어떻게 작동하는지와 세포가
제대로 활동하지 못하면 어떤 병에
걸리는지도 알 수 있습니다. 다음으로는
식물의 생태를 탐구하고 태양에너지를
이용해 식량을 만들 수 있는 특별한
식물의 기능에 관해 알아봅니다.

마지막 장에서는 더 넓은 자연으로
눈을 돌려 모든 생명체의 상호연결성을
탐구합니다. 기후 위기의 시대를 사는
우리에게 지구의 안정성을 위협하고
있는 여러 가지 위험을 강조합니다.
하지만 정부와 사회공동체, 개인이 미래의 생물다양성을 보존하는 데
이바지할 수 있는 다양한 방법을 알아보며 희망차게 끝을 맺습니다.
『태어난 김에 생물 공부』에 오신 것을 환영합니다!

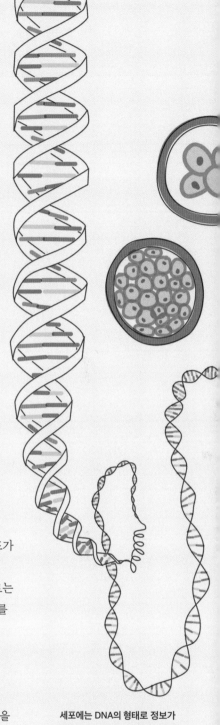

세포에는 DNA의 형태로 정보가
들어 있다. DNA는 상호보완적인
염기쌍으로 이루어진 이중나선 구조다.

1장

생물학의 기초

지구는 생명으로 뒤덮여 있습니다. 아주 작은 세균에서 키가 큰 나무,
가장 큰 동물인 대왕고래에 이르기까지, 생명체는 형태와 크기가 매우
다양합니다. 생물학은 생명체를 연구하는 학문으로, 놀라울 정도로
폭넓은 분야입니다. 생물학biology이라는 이름은 그리스어로 '생명'을
뜻하는 bios와 '학문'을 뜻하는 logos에서 유래했습니다.
하지만 생명이란 정확히 무엇일까요? 생명체는 무엇으로 이루어져
있을까요? 이 장에서는 생명과 생물학의 기초를 알아보겠습니다.

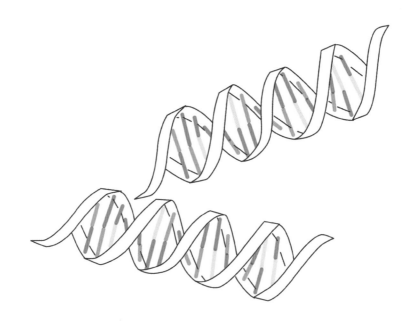

생명이란 무엇인가?

사람이나 식물 같은 생물은 바위나 물과 같은 무생물을 이루는 것과 똑같은 화학물질로 이루어져 있습니다.
그러나 생물과 무생물은 매우 다릅니다. 무엇이 살아 있다고 말하는 건 쉽지만, 사실 생명을 정의하는 건 어렵습니다.
몇몇 정의는 생명이 무엇인지보다는 생명에 어떤 특성이 있는지를 다룹니다. 생명의 본질을 파악하기 위해
생물학자들은 생명체 고유의 성질을 계속 찾아왔습니다.

생명체의 특징

구성: 생명체는 디옥시리보핵산(DNA)이라는 화학물질을 지닌 세포로 이루어져 있습니다.

성장: 생명체는 발생하고 자랍니다. 단세포 하나가 계속 분열해 인간과 같은 복잡한 생명체가 됩니다.

생식: 생명체는 자손을 낳고 다음 세대에 DNA를 물려줍니다.

감각: 생명체는 자극을 감지하고 그에 반응합니다. 예를 들어, 매는 토끼를 찾고 토끼는 매를 조심합니다.

호흡: 영양분을 분해해 에너지를 얻을 수 있도록 화학반응을 일으킵니다.

영양: 생명체는 유기 분자나 미네랄 이온과 같은 영양분을 흡수해 에너지원으로 이용합니다. 예를 들어, 토끼는 풀을 먹습니다.

배설: 생명체는 쓸모없는 물질과 독성 물질을 배출합니다.

움직임: 생명체는 움직이거나 위치를 바꿀 수 있습니다. 예를 들어, 토끼는 포식자로부터 달아납니다. 식물은 태양을 향해 몸을 기울입니다.

11

생명의 화학

모든 생명체는 똑같이 원자와 원소라는 화학물질로 이루어져 있습니다. 탄소, 산소, 수소와 같은 화학물질을 **원소**라고 부릅니다. **원자**는 특정 원소의 가장 작은 단위입니다. 원소에 따라 존재하는 양은 다르지만, 지구의 모든 생명체는 이 똑같은 기초 화학을 공유하고 있습니다.

원자에는 양성자와 중성자로 이루어진 중심핵이 있고 그 주위에 전자가 있습니다. 양성자와 전자는 서로 끌리는 힘을 받습니다. 이 힘이 원자를 하나로 묶어줍니다.

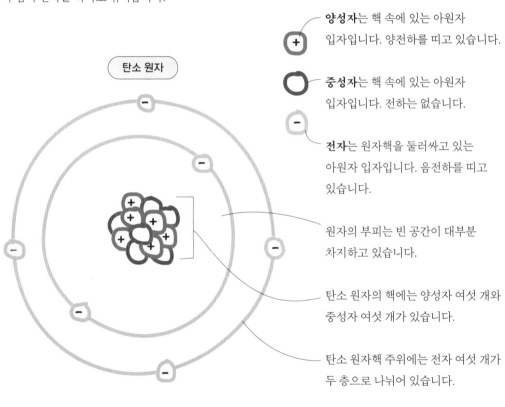

탄소 원자

양성자는 핵 속에 있는 아원자 입자입니다. 양전하를 띠고 있습니다.

중성자는 핵 속에 있는 아원자 입자입니다. 전하는 없습니다.

전자는 원자핵을 둘러싸고 있는 아원자 입자입니다. 음전하를 띠고 있습니다.

원자의 부피는 빈 공간이 대부분 차지하고 있습니다.

탄소 원자의 핵에는 양성자 여섯 개와 중성자 여섯 개가 있습니다.

탄소 원자핵 주위에는 전자 여섯 개가 두 층으로 나뉘어 있습니다.

생명체는 수많은 원자로 이루어져 있습니다. 예를 들어, 인간 성인의 몸에는 7×10^{27}개의 원자가 있습니다. 7 뒤에 0이 27개나 오는 수입니다.

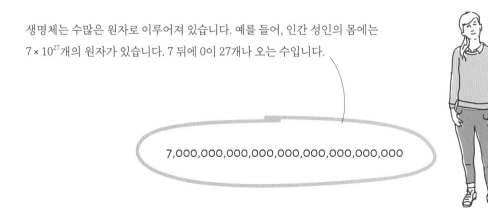

7,000,000,000,000,000,000,000,000,000,000

생명체 속의 원소

모든 생명체에는 네 가지 공통 원소가 있습니다. 산소와 탄소, 수소, 질소입니다. 이 네 원소는 칼슘, 인과 함께 질량의 99% 이상을 차지합니다. 나머지 대부분은 포타슘과 황, 소듐, 염소, 마그네슘입니다. 생명에 필요한 이 11가지 원소를 **주원소**라고 부릅니다.

철과 망간, 아연과 같은 **미량원소** 역시 필요합니다. 하지만 필요한 양이 매우 적어서 '미량'원소라고 부릅니다. 예를 들어 철은 미량원소지만, 모든 종에게 필요합니다. 포유류의 몸속에서 철은 헤모글로빈이라는 더 큰 분자를 이룹니다. 헤모글로빈은 몸속에서 산소를 나르는 일을 합니다.

구리 역시 미량원소입니다. 약 100년 전 과학자들은 구리가 부족한 먹이를 먹은 쥐가 적혈구를 잘 만들지 못하는 것을 보고 구리의 중요성을 깨달았습니다. 구리에는 다른 여러 역할도 있습니다. 감염에 맞서 싸우는 데 도움이 되기도 하고 단백질과 결합해 중요한 효소를 만들기도 합니다.

인간이 살기 위해서는 모두 합쳐 25가지 원소가 필요합니다. 하지만 식물은 17가지 원소만 있어도 생존할 수 있습니다.

생명체 속의 원소(질량비)

기타 원자
황 1%
칼슘 1.5%
질소 3%
수소 10%
탄소 19%
산소 65%

자연에는 약 92가지 원소가 있습니다. 그중 일부는 생명체에 해롭습니다. 비소는 바위나 흙에서 볼 수 있는 원소인데, 때때로 물에 녹아서 식수로 흘러 들어갑니다. 비소는 치명적인 독이기 때문에 큰 문제가 됩니다.

생명체 속의 분자

원자와 원소는 분자라고 하는 더 커다란 구조를 이룹니다. **분자**는 두 개 이상의 원자가 화학적으로 결합한 물질입니다.
생명체는 '생체분자'로 이루어져 있습니다.

생체분자는 세포와 생명체가 만드는 여러 가지 분자로, 여러 가지 필수적인
기능을 하지요. 생체분자에는 크게 네 가지 유형이 있습니다. 탄수화물과 지질,
핵산, 단백질입니다(DNA와 RNA 같은 핵산에 관해서는 3장에서 다룹니다).

예를 들어, 포도당은 분자입니다. 세포는
포도당을 에너지로 이용합니다. 포도당
분자 한 개는 탄소 원자 여섯 개, 수소
원자 12개, 산소 원자 여섯 개로 이루어져
있습니다. 탄소의 원자 기호는 C이고,
수소는 H, 산소는 O입니다. 따라서
포도당의 분자 기호는 $C_6H_{12}O_6$입니다.

$C_6H_{12}O_6$

포도당의 분자 구조

C   탄소

O   산소

H   수소

O H   수산화물

탄수화물은 단순당을 기반으로 한다.

탄수화물

탄수화물은 음식과 생체 조직에서 볼 수 있는 다양한 생체분자를
말합니다. 탄수화물 분자는 탄소와 수소, 산소로 이루어져
있습니다. 이런 원소가 모여 당 분자를 이룹니다. 당은 사슬 모양의
구조를 이루는데 그런 사슬의
길이는 다양합니다.

탄수화물 분자

탄수화물에는 두 가지
기본적인 유형이 있습니다.
단순 탄수화물은 분자의
크기가 작습니다. 복합
탄수화물은 화학결합을
이루고 있는 단순당의 긴
사슬로 이루어져 있습니다.

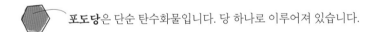
포도당은 단순 탄수화물입니다. 당 하나로 이루어져 있습니다.

자당은 단순 탄수화물입니다. 서로 다른 두 당이 결합해
만들어집니다. 자당은 우리가 먹는 설탕입니다.

녹말은 복합 탄수화물입니다.

탄수화물은 중요한 에너지원으로 화학반응을 일으켜야 하는 세포에 연료를 제공합니다. 우리가 먹는
많은 과일과 채소는 단순 탄수화물로 이루어져 있습니다. 복합 탄수화물을 섭취하기 좋은 식품으로는
감자, 빵, 파스타 등이 있습니다. 탄수화물은 조직을 이루는 물질로도 쓰입니다. 식물 세포벽은
셀룰로스라는 복합 탄수화물로 이루어져 있습니다.

지질

지질은 상온에서 고체인 지방과 상온에서
액체인 기름과 같은 물질입니다.
지질 생체분자는 탄소와 수소, 산소로
이루어져 있으며, 물에 녹지 않습니다.
지질은 글리세롤과 지방산이라는
두 가지 기본 요소로 이루어집니다.
지방산 세 개가 모여 글리세롤 분자
하나를 만듭니다. 각 지질은 서로 다른
지방산으로 이루어져 있습니다. 그에
따라 지질이 액체인 기름이 될지 고체인
지방이 될지 정해집니다.

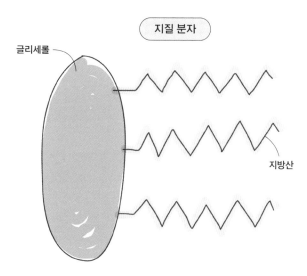

지질 분자

글리세롤

지방산

지질은 에너지를 저장하는 중요한 수단입니다. 버터와 치즈, 견과류, 씨앗, 생선과 같은 식품에는
지질이 있습니다. 저장한 포도당을 모두 써버리고 나면, 우리 몸은 지방을 분해하기 시작합니다.

포유류는 **지방세포**에 영양분을 장기간 저장합니다. 지방조직은 몸의 단열을 돕고 심장 같은 필수
장기를 둘러싸 푹신한 보호막이 됩니다.

지질은 중요한 구조 분자이기도 합니다. 지질의 한 종류인 **인지질**은 동물 세포의 세포막을 만드는 데
쓰입니다.

세포막 속의 인지질

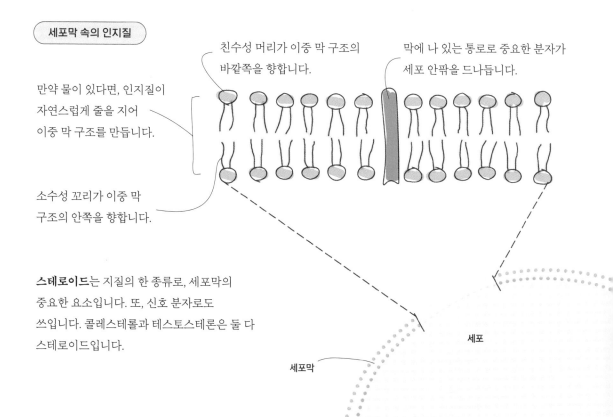

친수성 머리가 이중 막 구조의
바깥쪽을 향합니다.

막에 나 있는 통로로 중요한 분자가
세포 안팎을 드나듭니다.

만약 물이 있다면, 인지질이
자연스럽게 줄을 지어
이중 막 구조를 만듭니다.

소수성 꼬리가 이중 막
구조의 안쪽을 향합니다.

스테로이드는 지질의 한 종류로, 세포막의
중요한 요소입니다. 또, 신호 분자로도
쓰입니다. 콜레스테롤과 테스토스테론은 둘 다
스테로이드입니다.

세포

세포막

단백질

단백질은 **아미노산**이라는 작은 분자가 모여서 생기는 크고 복잡한 분자입니다. 아미노산이 결합해 긴 사슬을 이루지요. 다양한 아미노산이 서로 다른 순서로 이어지면서 여러 가지 단백질을 만듭니다. 단백질은 탄소와 수소, 산소, 질소로 이루어져 있습니다.

우리 몸 질량의 약 15%는 단백질입니다. 단백질이 풍부한 식품으로는 고기, 치즈, 생선, 병아리콩이나 렌틸콩 같은 콩이 있습니다.

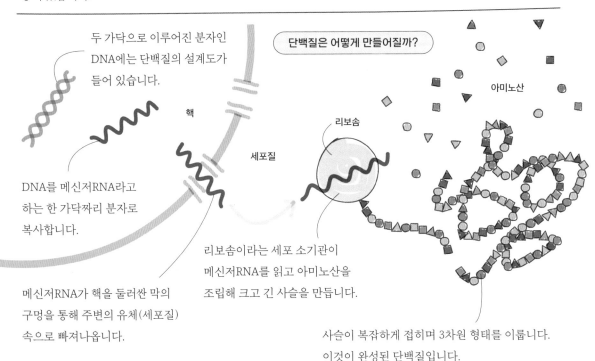

두 가닥으로 이루어진 분자인 DNA에는 단백질의 설계도가 들어 있습니다.

단백질은 어떻게 만들어질까?

아미노산

핵

리보솜

세포질

DNA를 메신저RNA라고 하는 한 가닥짜리 분자로 복사합니다.

메신저RNA가 핵을 둘러싼 막의 구멍을 통해 주변의 유체(세포질) 속으로 빠져나옵니다.

리보솜이라는 세포 소기관이 메신저RNA를 읽고 아미노산을 조립해 크고 긴 사슬을 만듭니다.

사슬이 복잡하게 접히며 3차원 형태를 이룹니다. 이것이 완성된 단백질입니다.

단백질의 기능

단백질에는 중요한 기능이 많습니다. 단백질은 어떤 역할을 할까요?

효소: 효소는 화학반응을 촉진합니다. 예를 들어, 소화 효소는 음식을 분해하는 데 도움이 됩니다.

호르몬: 췌장에서 나오는 호르몬인 인슐린은 다른 조직의 포도당 흡수를 촉진합니다.

저장분자: 포유류의 젖에 있는 주요 단백질은 카세인입니다. 젖은 아미노산을 저장해 새끼가 사용할 수 있게 해줍니다.

항체: 단백질은 면역체계가 병원체를 감지하고 파괴하게 해줍니다.

수송체: 헤모글로빈과 같은 단백질은 몸 안에서 물질을 나릅니다.

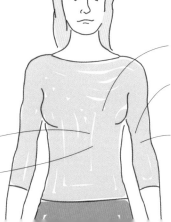

젖 속에는 카세인이 있다.

백혈구가 만든 항체는 몸속을 순환한다.

이와 비슷하게, 적혈구에 있는 헤모글로빈도 혈액을 따라 순환한다.

소화기관에서는 소화 효소가 나온다.

췌장에서는 인슐린이 나온다.

생물학 연구

어떤 생물학자는 분자 수준에서 생명을 연구합니다. 예를 들어, 특정 지질의 원자 구조나 특정 아미노산이 접혀 특정 단백질을 만드는 방식을 연구할 수 있지요. 그러나 생물학은 이보다 더 큰 학문입니다. 원자와 분자는 세포를 만들고, 나아가 더 큰 구조를 형성합니다. 이것들은 모여서 유기체가 됩니다. 유기체는 생태계 안에서 무리를 지어 살고, 이런 유기체가 모두 모여 자연이 됩니다. 생물학은 이 위계 구조의 모든 측면을 연구합니다.

생물학 연구의 단계

원자: 모든 물질을 이루는 작은 입자

분자: 원자 여러 개가 모여 있는 물질

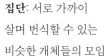

종: 서로 번식해 생식 능력이 있는 자손을 낳을 수 있는 비슷한 개체들의 모임. 이런 모임은 서로 떨어진 지역에 살 수도 있습니다.

세포 소기관: 세포 안에서 특별한 기능을 수행하는 작은 구조

생태계: 생명체와 우리가 사는 물리적 환경이 이루는 공동체

세포: 막으로 둘러싸인 생명의 단위. 단백질, 지질, DNA와 같은 근본적인 생체분자가 있습니다.

집단: 서로 가까이 살며 번식할 수 있는 비슷한 개체들의 모임

조직: 구조와 기능이 비슷한 세포가 모인 것. 조직은 특정한 역할을 수행합니다.

생물권: 생명체가 살고 있는 지구의 표면과 대기의 일부

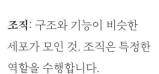

장기: 서로 다른 조직이 모여 특정한 기능을 수행하는 구조물

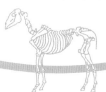

계: 다양한 장기로 이루어진 복잡한 구조로, 특정한 기능을 수행합니다.

유기체: 동물, 식물, 균류 등의 생명체 개체

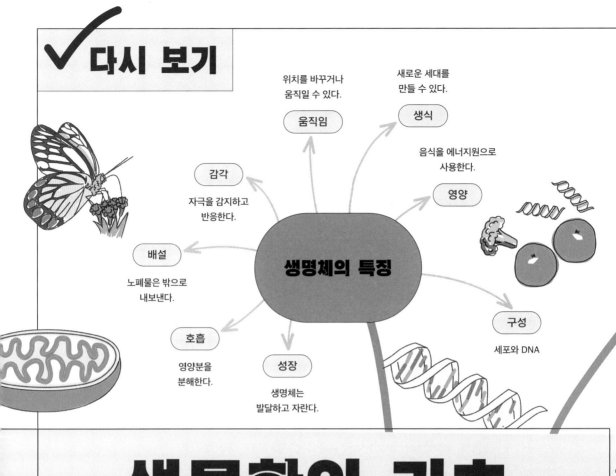

위치를 바꾸거나 움직일 수 있다.

움직임

새로운 세대를 만들 수 있다.

생식

감각

자극을 감지하고 반응한다.

음식을 에너지원으로 사용한다.

영양

배설

노폐물은 밖으로 내보낸다.

생명체의 특징

구성

세포와 DNA

호흡

영양분을 분해한다.

성장

생명체는 발달하고 자란다.

생물학의 기초

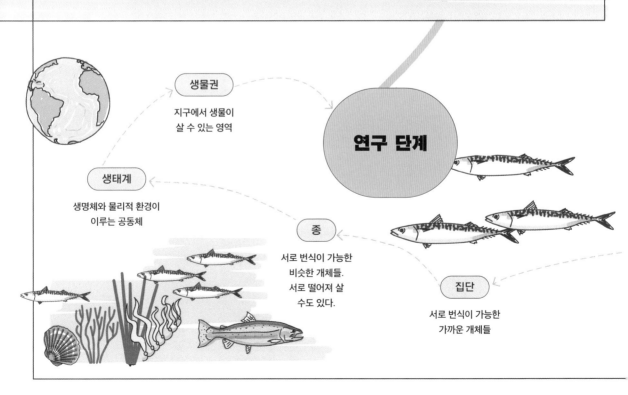

생물권

지구에서 생물이 살 수 있는 영역

연구 단계

생태계

생명체와 물리적 환경이 이루는 공동체

종

서로 번식이 가능한 비슷한 개체들. 서로 떨어져 살 수도 있다.

집단

서로 번식이 가능한 가까운 개체들

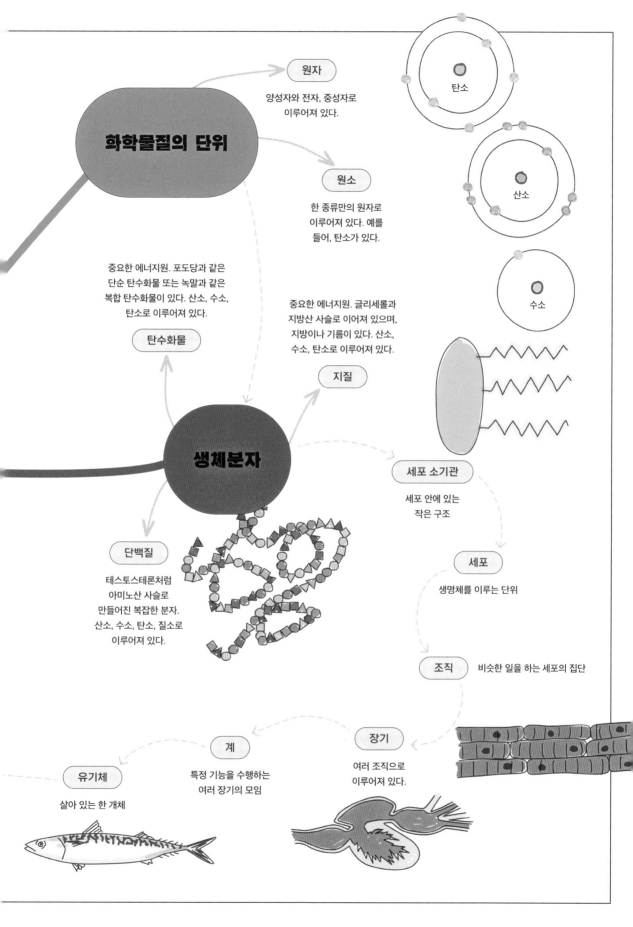

원자

양성자와 전자, 중성자로
이루어져 있다.

탄소

화학물질의 단위

원소

한 종류만의 원자로
이루어져 있다. 예를
들어, 탄소가 있다.

산소

수소

중요한 에너지원. 포도당과 같은
단순 탄수화물 또는 녹말과 같은
복합 탄수화물이 있다. 산소, 수소,
탄소로 이루어져 있다.

중요한 에너지원. 글리세롤과
지방산 사슬로 이어져 있으며,
지방이나 기름이 있다. 산소,
수소, 탄소로 이루어져 있다.

탄수화물

지질

생체분자

세포 소기관

세포 안에 있는
작은 구조

세포

생명체를 이루는 단위

단백질

테스토스테론처럼
아미노산 사슬로
만들어진 복잡한 분자.
산소, 수소, 탄소, 질소로
이루어져 있다.

조직   비슷한 일을 하는 세포의 집단

계

특정 기능을 수행하는
여러 장기의 모임

장기

여러 조직으로
이루어져 있다.

유기체

살아 있는 한 개체

19

2장

세포

모든 생명체는 세포로 이루어져 있습니다. 세포는 생명체의 기본 단위로, 다양한 종류가 있습니다. 예를 들어, 인체에는 적어도 200가지 세포가 있으며, 각각의 세포는 고유한 필수 기능에 특화되어 있습니다.

세포는 작지만, 놀라울 정도로 복잡합니다. 세포에는 미세한 기계처럼 작동하며 세포가 기능할 수 있게 해주는 세포 소기관이라는 작은 구조도 있습니다. 이런 구조물의 역할과 세포 안에서 벌어지는 일에 관해 알아봅시다.

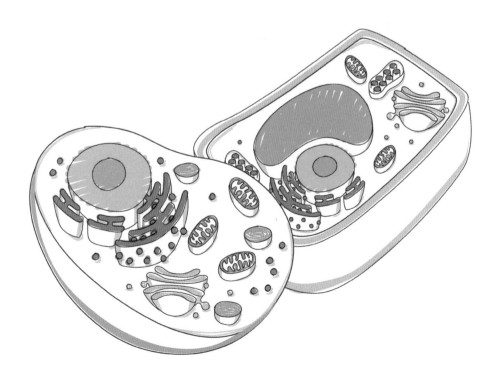

세포의 기본

세균과 아메바와 같은 일부 생명체는 세포 하나로 이루어져 있어 비교적 단순합니다.
하지만 동식물과 같은 다른 생물은 서로 기능이 다른 수많은 세포로 이루어져 있어 훨씬 더 복잡합니다.

단세포생물

단세포 유기체는 세포 하나로 이루어져 있습니다. 세균과 몇몇 균류, 아메바(오른쪽 그림)와 같은 원생동물이 여기에 해당합니다.

핵: 여기에 DNA를 저장합니다.

세포질: 중요한 화학반응이 이곳에서 일어납니다.

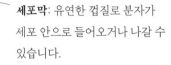

세포막: 유연한 껍질로 분자가 세포 안으로 들어오거나 나갈 수 있습니다.

위족: 아메바가 움직이거나 먹을 수 있게 해주는 작은 돌기.

먹이: 위족을 이용해 먹이 조각을 삼킵니다.

다세포생물

다세포 유기체는 두 개 이상의 세포로 이루어져 있습니다. 복잡한 다세포 유기체는 약 6억 년 전에 처음으로 나타났습니다. 세포들이 서로 달라붙어 새로운 기능을 획득하기 시작하면서 진화했지요. 최초의 다세포동물은 해면처럼 아주 단순했을 겁니다. 이후 다세포 유기체는 점점 복잡해지며 오늘날 지구에 사는 다양한 생명체로 진화했습니다.

해면(오른쪽 그림)은 몸속이 텅 비어 있습니다. 빈 공간으로 물을 들락거리게 하면서 먹이를 얻지요. 해면을 이루는 세포의 종류는 많지 않습니다.

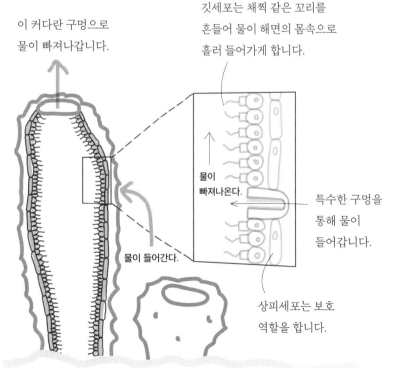

이 커다란 구멍으로 물이 빠져나갑니다.

깃세포는 채찍 같은 꼬리를 흔들어 물이 해면의 몸속으로 흘러 들어가게 합니다.

물이 빠져나온다.

물이 들어간다.

특수한 구멍을 통해 물이 들어갑니다.

상피세포는 보호 역할을 합니다.

현미경

세포는 대부분 매우 작아서 맨눈으로 볼 수 없습니다. 그래서 생물학자는 현미경으로 세포의 사진을 찍고 연구합니다.

현미경은 세포처럼 너무 작아서 볼 수 없는 물체를 확대하는 장치입니다.

세포는 크기와 모양이 다양합니다. 사람의 난자는 맨눈으로도 볼 수 있을 만큼 큽니다.

적혈구는 너무 작아서 맨눈으로 볼 수 없습니다.

인간의 난자

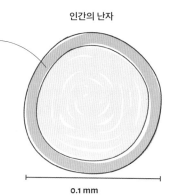

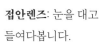
0.1 mm

적혈구

0.008 mm

광학현미경

최초의 현미경은 **광학현미경**이었습니다. 광학현미경은 가시광선과 렌즈를 이용해 물체를 확대합니다. 조기의 광학현미경은 물체를 수백 배 정도 확대할 수 있었습니다. 오늘날의 광학현미경은 수천 배로 확대합니다.

광학현미경으로 세포와 핵과 같은 세포 안의 몇몇 큰 구조를 볼 수 있습니다. 덕분에 과학자들은 분열처럼 세포가 기본적인 기능을 수행하는 모습을 관찰할 수 있습니다.

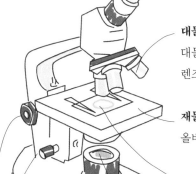
광학현미경으로 본 식물 세포

접안렌즈: 눈을 대고 들여다봅니다.

대물렌즈: 광학현미경에는 으레 대물렌즈가 두세 개 있습니다. 각 렌즈마다 배율이 다릅니다.

재물대: 이리저리 움직이며 표본이 올바른 위치에 오게 할 수 있습니다.

표본: 표본을 슬라이드에 놓고 재물대에 끼웁니다. 때로는 화학적으로 염색해 세포의 내부 구조가 더 잘 보이게 만듭니다.

조동나사: 상이 선명해지게 조절합니다.

미동나사: 선명해진 상을 더욱 세밀하게 조절합니다.

빛: 빛을 내 표본을 밝힙니다.

전자현미경

1930년대에 발명된 **전자현미경**은
전자빔을 이용해 상을 만듭니다.
물체를 약 1000만 배까지 확대할
수 있어 세포의 미세한 내부 구조나
꽃가루 같은 작은 구조를 연구할 때
쓰입니다.

전자현미경은 크고 비쌉니다. 광학현미경과 달리 표본을 진공 상태에 두어야 하기 때문에
살아 있는 세포를 관찰하는 데 쓸 수는 없습니다. 전자현미경에는 크게 두 종류가 있습니다.

주사전자현미경(SEM)은 표본의 표면 위에서 앞뒤로 움직이는 전자빔을
이용합니다. 자세한 3D 상을 얻을 수 있습니다.

투과전자현미경(TEM)은 얇은 슬라이스 표본을 이용합니다. 전자빔은
슬라이스를 뚫고 지나갑니다. 세포 내부 구조의 자세한 상을 만들 때
사용할 수 있습니다.

해상도는 서로 다른 두 점을 구별할 수 있는
능력을 말합니다. 해상도가 높을수록 더 선명하고
자세한 상을 얻을 수 있습니다. 전자현미경은
광학현미경보다 해상도가 높습니다.

크기의 차이

물방울=2mm

x1,000

세균=2μm

x1,000

DNA=2nm

작은 세상 관찰하기

세포와 세포 내부의 구조는 보통
밀리미터(mm), 마이크로미터(μm),
나노미터(nm) 단위로 측정합니다.

1cm = 10밀리미터(mm)
1mm = 1000마이크로미터(μm)
1μm = 1000나노미터(nm)

배율 = 상의 크기/실제 크기

따라서
실제 크기 = 상의 크기/배율

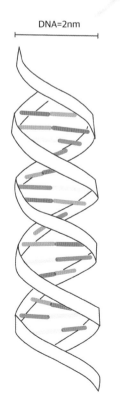

즉, 만약 배율이 40배이고 눈에
보이는 세포의 상이 1mm라면,
세포의 지름을 계산할 수 있습니다.

세포의 지름 = 1mm/40
= 0.025mm 또는 25μm

세포의 구조

식물과 동물은 매우 달라 보이지만, 이들을 이루는 세포에는 공통점이 많습니다. 예를 들어, 유전 물질은 핵 안에 담겨 있습니다. 그리고 소기관은 세포질이라는 겔과 비슷한 물질에 담겨 있습니다. 세균은 상대적으로 훨씬 더 작고, 내부 소기관도 조금 다릅니다. 유전 물질은 세포질 안에서 자유롭게 떠다니며, 평범한 동식물 세포에 있는 여러 소기관을 갖고 있지 않습니다.

동물세포

동물세포는 **진핵생물**입니다. 핵과 서로 다른 기능을 하는 다양한 소기관이 막에 싸여 있다는 뜻입니다.
핵은 막으로 싸인 작은 구조물입니다. 세포의 DNA 대부분이 담겨 있습니다.

세포막은 세포질을 감싸고 있는 껍질입니다. 물질이 세포를 드나드는 움직임을 통제합니다.

세포질은 세포에서 큰 부피를 차지합니다. 핵과 내부의 다른 소기관은 세포질 안에 담겨 있습니다. 세포질에서 세포분열이나 중요한 화학반응도 일어납니다.

미토콘드리아는 세포질 안에 있는 작은 배터리와 같은 소기관입니다. 호흡으로 만든 에너지를 세포에 제공합니다. 미토콘드리아에는 세포의 DNA가 약간 담겨 있습니다.

소포체는 납작한 관처럼 생긴 소기관으로, 두 종류가 있습니다. 거친면 소포체는 리보솜으로 덮여 있어 단백질을 많이 만듭니다. 매끈면 소포체는 리보솜이 없으며 지질을 만드는 데 관여합니다.

리보솜은 단백질을 만드는 작은 공장입니다. 아미노산을 조립해 단백질을 만들지요. 생물학적으로 활발한 세포는 리보솜을 많이 갖고 있으며 단백질을 많이 만듭니다.

골지체는 비교적 큰 소기관입니다. 효소나 다른 단백질 같은 다양한 분자를 받아들이거나 만들거나 수정, 또는 분배합니다.

리소좀은 큰 분자를 작게 분해하도록 돕는 소기관입니다.

공통점

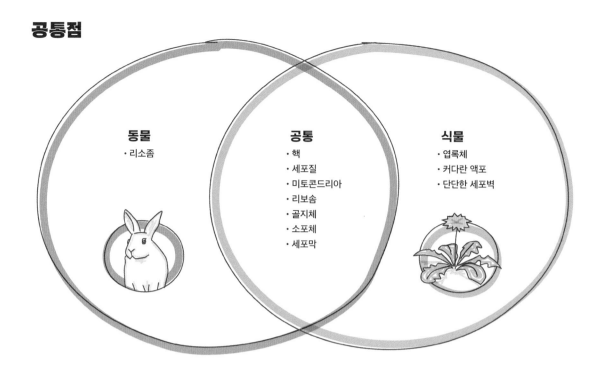

동물
· 리소좀

공통
· 핵
· 세포질
· 미토콘드리아
· 리보솜
· 골지체
· 소포체
· 세포막

식물
· 엽록체
· 커다란 액포
· 단단한 세포벽

식물세포

식물세포 역시 진핵생물입니다. 동물세포와 마찬가지로 막으로 싸인 핵에 대량의 DNA를 갖고 있으며, 세포가 기능할 수 있게 해주는 특별한 소기관이 있습니다. 그러나 식물세포에는 동물세포에 없는 기관도 있습니다.

식물과 조류 세포는 두껍고 단단한 **세포벽**에 싸여 있습니다. 세포벽의 주성분은 셀룰로스입니다. 그래서 식물 세포는 튼튼합니다.

엽록체는 **엽록소**라는 녹색 색소로 차 있는 소기관입니다. 광합성이 일어나는 곳이지요. 엽록체는 새싹이나 잎을 비롯한 식물의 녹색 부분 모든 곳에 있습니다. 하지만 뿌리에는 없습니다. 그래서 뿌리는 초록색이 아닙니다.

세포질 한가운데에는 **액포**라고 하는 커다란 공간이 있습니다. 액포는 액체로 차 있습니다. 액포는 식물세포가 크기와 형태를 유지할 수 있게 해주며, 이것은 식물을 단단하게 해줍니다.

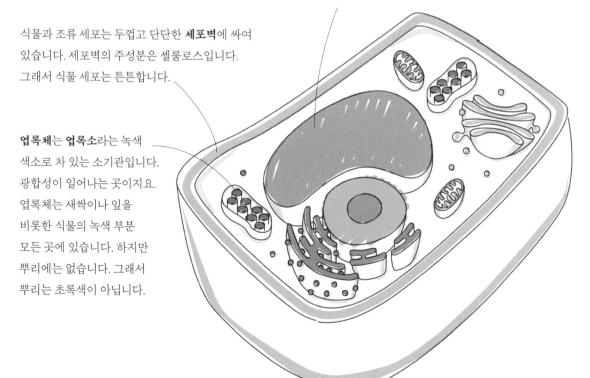

세균

몇 가지 공통점이 있지만, 세균은 동물이나 식물세포와는 매우 다릅니다. 세균은 **원핵생물**입니다. 세포질 안에 막으로 싸인 커다란 구조물이 없다는 뜻입니다.

인지질로 만들어진 **세포막**이 세포질을 감싸고 있습니다. 세포막은 세포를 들락거리는 물질의 움직임을 통제합니다.

세포벽은 세포막을 감싸고 있습니다. 이 보호 구조는 세균을 단단하게 만들고 일정한 형태를 유지하게 해줍니다. 세균의 세포벽은 펩티도글리칸이라는 분자로 이루어져 있습니다. 페니실린은 세포벽 안의 펩티도글리칸에 작용해 벽이 무너지게 하여 세균을 죽입니다.

유전 물질은 세포질 안에서 자유롭게 떠다닙니다. 이것은 단일 고리 모양 DNA입니다.

세포질은 겔과 비슷한 물질입니다. 세포의 활동은 대부분 이곳에서 일어납니다.

세포벽은 때때로 **점액층**에 덮여 있습니다. 점액층 역시 세균을 보호하는 데 도움이 됩니다.

어떤 세균은 **섬모**라고 하는 머리털 같은 구조물로 덮여 있습니다. 심모는 세균이 어딘가에 붙어 있거나 돌아다닐 수 있게 해줍니다.

세균의 리보솜은 아미노산 분자를 조립해 단백질을 만듭니다. 동물과 식물의 리보솜과는 구조가 다릅니다.

세균은 **플라스미드**라고 하는 작은 고리 모양의 DNA를 갖고 있기도 합니다.

세균에는 핵이나 미토콘드리아처럼 막에 싸인 소기관이 없습니다.

어떤 세균에는 **편모**라고 하는 꼬리가 있습니다. 편모를 이리저리 휘두르면 세균이 움직일 수 있습니다.

진핵세포 vs 원핵세포

지구의 생물은 진핵생물과 원핵생물로 나눌 수 있습니다.
앞서 살펴보았듯이 진핵생물은 막에 싸인 커다란 소기관을 갖고 있지만, 원핵생물은 그렇지 않습니다.

진핵생물은 원핵생물보다 더 분화되어 있는
고등생물입니다. 동식물처럼 다세포생물이 될
수도 있고, 일부 조류나 균류처럼 단세포생물이
될 수도 있습니다. 지구에는 약 900만 종의
진핵생물이 있다고 추정하고 있습니다.

원핵생물은 분화가 훨씬 덜 되어 있습니다.
이런 단순하고 작은 단세포생물은 우리에게
별로 익숙하지 않습니다.

과학자들은 지구에 1조 종의 원핵생물 종이
있을 수 있다고 추측합니다.

원핵생물과 아메바처럼 단순한 일부
진핵생물은 **이분법**으로 번식합니다.
이분법은 단순한 세포분열입니다.

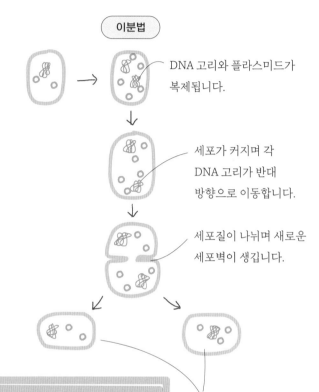

이분법

DNA 고리와 플라스미드가
복제됩니다.

세포가 커지며 각
DNA 고리가 반대
방향으로 이동합니다.

세포질이 나뉘며 새로운
세포벽이 생깁니다.

두 개의 딸세포가
생깁니다. 각각은 DNA
고리 하나와 몇 개의
플라스미드를 갖습니다.
환경만 맞다면 원핵생물은
이분법으로 매우 빨리
번식합니다. 예를 들어,
대장균은 20분에 한 번씩
분열할 수 있습니다.

진핵생물과 원핵생물의 특징

특징	진핵생물		원핵생물
	동물	식물	원핵생물
DNA	✓	✓	✓
핵	✓	✓	✗
세포질	✓	✓	✓
리보솜	✓	✓	✓
세포막	✓	✓	✓
세포벽	✗	✓	✓
미토콘드리아	✓	✓	✗
골지체	✓	✓	✗
소포체	✓	✓	✗
엽록체	✗	✓	✗
커다란 액포	✗	✓	✗

세포분열

다세포 유기체의 세포는 분열해야 합니다. 때로는 자신과 똑같은 복제를 남기기 위해서이고 때로는 종류가 다른
새로운 세포를 만들기 위해서입니다. 체세포분열과 감수분열이라는 두 유형의 세포분열은 서로 관련이 있습니다.
세포분열이 일어나면 염색체라고 하는 핵 속의 DNA 덩어리가 재배열되면서 새로운 딸세포가 생겨납니다.

체세포분열에 의한 세포분열

체세포분열은 유전적으로 똑같은 딸세포를 만들어
성장의 재료로 쓰고 몸의 손상을 복구합니다.
체세포분열은 온몸에서 일어납니다. 분열하는
세포는 여러 단계를 거치는데, 이것을 **세포주기**라고
부릅니다. 무성생식의 일종인 체세포분열은 이
주기의 일부입니다.

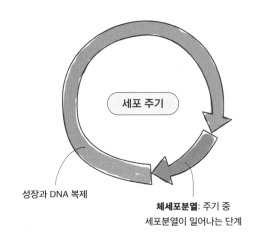

세포 주기

성장과 DNA 복제

체세포분열: 주기 중
세포분열이 일어나는 단계

체세포분열

DNA가 복제됩니다. 새로 생기는
세포가 하나씩 갖기 위해서입니다.
복제된 DNA는 다시 쪼그라들어 X자
모양의 염색체로 재배열됩니다.

성장과 DNA 복제

염색체가 세포 중앙에 나란히 배열되고
둘로 나뉩니다. 나뉜 염색체는 각각 세포의
양쪽 끝으로 이동합니다.

분열하지 않는 세포의
DNA는 핵 속에서 뒤엉켜
있는 줄과 같은 모습입니다.
체세포분열 시기가
다가오면 세포는 몸집을
키우고 미토콘드리아와
리보솜 같은 소기관의
복제본을 만듭니다.

체세포분열

갓 분리된 염색체 주위에 막이
생깁니다. 이것이 새로 생기는 두
세포의 핵이 됩니다. 세포질과 세포막
또한 나뉩니다.

새로운 딸세포 두 개가
생깁니다. 두 세포는 원래
세포와 똑같은 DNA를
갖고 있으므로 유전적으로
동일합니다. 시간이 지나면
딸세포도 체세포분열을 일으켜
똑같은 세포를 더 만듭니다.

감수분열에 의한 세포분열

감수분열은 정자와 난자, 포자 같은 생식세포 또는 **배우자**를 만듭니다. 두 단계에 걸쳐 이루어지는데,
인간의 경우 난소와 정소에서 일어납니다. 감수분열은 유성생식의 중요한 과정입니다.

다른 체세포와 달리 배우자는 염색체가 둘이 아니라 하나씩만 있습니다.
예를 들어, 인간의 배우자는 염색체를 23쌍이 아니라 23개만 가지고 있습니다.

그건 두 배우자가 결합했을 때 생기는 세포가 정확한 수의 염색체를 가져야 하기 때문입니다.
세포는 염색체의 수가 원래의 절반인 배우자를 만들기 위해 감수분열을 합니다.

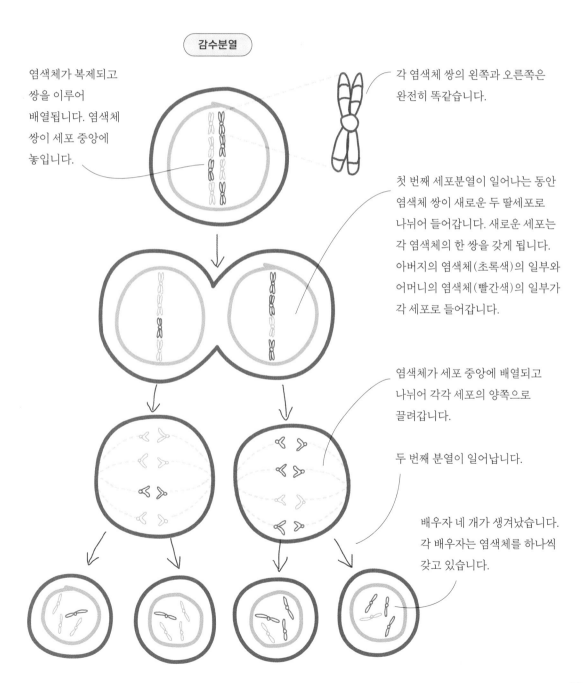

감수분열

염색체가 복제되고
쌍을 이루어
배열됩니다. 염색체
쌍이 세포 중앙에
놓입니다.

각 염색체 쌍의 왼쪽과 오른쪽은
완전히 똑같습니다.

첫 번째 세포분열이 일어나는 동안
염색체 쌍이 새로운 두 딸세포로
나뉘어 들어갑니다. 새로운 세포는
각 염색체의 한 쌍을 갖게 됩니다.
아버지의 염색체(초록색)의 일부와
어머니의 염색체(빨간색)의 일부가
각 세포로 들어갑니다.

염색체가 세포 중앙에 배열되고
나뉘어 각각 세포의 양쪽으로
끌려갑니다.

두 번째 분열이 일어납니다.

배우자 네 개가 생겨났습니다.
각 배우자는 염색체를 하나씩
갖고 있습니다.

세포의 수송

세포는 안으로 들어오거나 밖으로 나가는 모든 물질을 통제할 수 있어야 합니다. 영양분과 물 같은 물질은
흡수해야 하고, 노폐물은 밖으로 내보내야 합니다. 물에 녹은 물질은 세포막을 통해 세포 안팎으로 드나듭니다.
이렇게 세포가 물질을 수송하는 방법으로는 크게 확산, 삼투, 능동수송이 있습니다.

확산

확산은 농도가 높은 곳에서
낮은 곳으로 입자가 퍼져나가는
움직임입니다. 기체나 액체에서
일어나지요. 농도의 차이를
농도기울기라고 부릅니다.
포도당과 같은 단순당, 산소와
이산화탄소 같은 기체는 모두
확산으로 움직입니다.

식물 역시 광합성과 호흡 과정에서
확산으로 기체를 교환합니다.

확산 과정

주황색 입자를
집어넣으면
처음에는 한곳에
모여 있습니다.

입자가 움직이면서
부딪히고 섞이기
시작합니다. 입자는
사방으로 움직이지만,
결국 농도가 높은
곳에서 낮은 곳으로
움직입니다.

확산이 끝나면
주황색 입자는 액체
또는 기체 전체에
퍼져 있습니다.
그 상태에서
계속 무작위로
움직입니다.

폐 속에서 일어나는 확산

숨을 들이마시면
산소가 풍부한 공기가
폐로 들어갑니다.

산소가 풍부한 공기가 **폐포**라는
조그만 공기주머니로 들어갑니다.
이곳의 산소 농도는 높습니다.

산소가 풍부한 피가
몸속을 돌아다닙니다.

숨을 내쉴 때
이산화탄소가
밖으로 나갑니다.

산소가 확산을 통해 폐포에서
나와 가까운 혈관 속의
적혈구로 들어갑니다.
이곳의 산소 농도는 낮습니다.

몸속의 산소가
부족한 피는 폐로
돌아갑니다.

이산화탄소는 호흡으로 생기는
노폐물로, 이산화탄소 농도가 높은
적혈구에서 낮은 폐포로 확산해
들어옵니다.

삼투

삼투는 물 분자와 관련된 특별한 유형의 확산입니다. 농도가 낮은 곳에서 높은 곳으로 물 분자가 이동할 때 일어납니다. 삼투가 일어나려면 특정 물질만 통과시키는 **반투과성** 막이 필요합니다.

삼투 현상은 동물의 몸 안에서도 일어나 세포 내부의 물 균형을 유지할 수 있게 해줍니다.

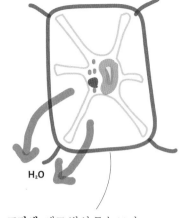

식물 세포의 삼투 현상

저장액: 세포 밖의 물 농도가 세포 안의 물 농도보다 높습니다. 따라서 삼투 현상으로 물이 들어옵니다. 그러면 액포가 부풀어 올라 세포벽에 압력을 가하고, 세포는 커지거나 단단해집니다.

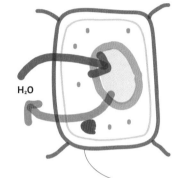

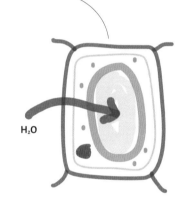

고장액: 세포 밖의 물 농도가 세포 안의 물 농도보다 낮습니다. 그러면 물이 세포 밖으로 나갑니다. 액포는 쪼그라들고 세포벽을 밀어내지 못합니다.

등장액: 세포 안과 밖의 물 농도가 같습니다. 막을 통과하는 물의 양은 균형을 이룹니다.

능동수송

능동수송은 농도기울기를 극복하고 농도가 낮은 곳에서 높은 곳으로 녹은 물질이 움직이는 것을 말합니다. 확산이나 삼투와 달리 여기에는 에너지가 필요합니다.

식물 뿌리에는 **뿌리털 세포**라는 분화된 세포가 있습니다. 이 세포는 식물이 흙 속에서 질산염과 같은 미네랄을 흡수하도록 해줍니다. 미네랄은 능동수송을 통해 뿌리털 세포로 들어갑니다.

식물 뿌리털 세포의 능동수송

흙 속의 질산염 농도는 낮습니다.

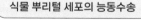

동물도 능동수송을 합니다. 예를 들어, 창자벽을 뚫고 포도당 분자를 핏속으로 전달하는 데 쓰입니다.

세포 속의 질산염 농도는 높습니다.

질산염이 능동수송을 통해 세포로 들어갑니다.

줄기세포와 분화

다세포 유기체는 신경세포와 근육세포처럼 아주 다양한 기능이 있는 세포로 이루어져 있습니다. 이런 세포는 줄기세포라고 하는 특정 조직 세포가 아닌 세포가 변해 생겨납니다. 이렇게 세포가 특정 조직 세포로 변하는 과정을 **분화**라고 부릅니다.

동물의 경우 분화는 대부분 발달 과정에서 일어납니다. 하지만 많은 식물 세포는 평생 분화할 수 있습니다. 세포가 분화할 때 DNA는 그대로지만, 핵심 유전자의 스위치가 켜지거나 꺼집니다. 그러면 세포는 새로운 특성을 갖습니다.

줄기세포는 분열해 자신의 복제를 만들 수도 있습니다. 생물학자들은 줄기세포를 배양해 아픈 사람을 도울 수 있다고 생각합니다. 예를 들어, 줄기세포를 심장 근육 세포로 분화하게 만들어 손상된 심장을 고치는 데 활용할 수 있지요.

적혈구는 분화된 세포입니다. 작고 유연해 좁은 혈관을 따라 움직일 수 있습니다. 적혈구에 있는 헤모글로빈은 산소와 달라붙습니다. 포유류의 경우 적혈구에 핵이 없어 헤모글로빈이 들어갈 공간을 만들 수 있습니다. 적혈구는 납작한 모양이라 산소를 흡수할 수 있는 표면적이 더 넓습니다.

세포의 분화

근육세포는 분화된 세포입니다. 길고 수축할 수 있습니다. 그러기 위해서는 에너지가 필요해서 미토콘드리아를 많이 갖고 있습니다.

분화는 세포가 특정한 세포로 변화는 과정입니다. 분화한 세포는 다른 형태와 기능을 갖춥니다. 보통은 발달 과정에서 일어나지요.

뉴런은 분화된 세포입니다. 몸속에서 전기 신호를 전달합니다. 기다란 모습이고 절연이 잘되어 있습니다. 뉴런에는 **수상돌기**라고 하는 나뭇가지 모양의 구조가 있습니다. 이 돌기로 다른 세포와 접촉합니다.

배반포는 배아로 발달합니다.

정자와 난자가 수정합니다.

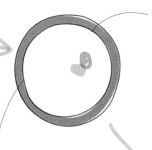

접합자라고 하는 세포 하나가 생깁니다. 정자와 난자의 DNA를 모두 갖고 있습니다.

투명층은 외부의 보호막입니다.

체세포분열을 통해 세포 하나가 둘이 됩니다.

체세포분열을 통해 세포 둘이 넷이 됩니다.

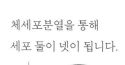

정자는 분화된 세포입니다. 유선형의 머리와 긴 꼬리 덕분에 헤엄칠 수 있습니다. 정자에는 에너지를 만드는 미토콘드리아가 많습니다. 머리 부분에는 난자의 외부 층을 뚫고 들어갈 수 있게 해주는 효소가 있습니다.

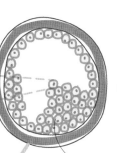

체세포분열을 통해 세포 넷이 여덟이 됩니다. 이런 식으로 계속 늘어납니다.

배반포가 생겨납니다. 배반포는 얇은 벽으로 둘러싸인 속이 빈 구조로, 세포 무리가 들어 있습니다.

배아줄기세포입니다. 분화되지 않은 세포로, 다른 여러 가지 세포로 분화할 수 있습니다.

성인에게도 줄기세포가 있지만, 골수와 같은 특정 장소에만 조금 있습니다. 골수의 줄기세포는 혈구로 분화할 수 있어 때때로 백혈병을 치료하는 데 쓰입니다.

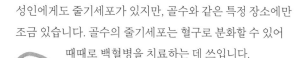

배아는 사람으로 발달합니다. 인간은 수십조 개의 세포로 이루어져 있으며, 분화된 세포의 유형은 수백 가지나 됩니다.

과학자들은 성인의 조직을 이용해 다능도 줄기세포를 만들 수 있습니다. 예를 들어, 피부 세포를 '재프로그래밍'해서 줄기세포를 만든 뒤 근육세포와 같은 다른 세포로 분화시킬 수 있습니다. 생물학자들은 이런 줄기세포를 의학적인 용도로 쓸 수 있기를 기대하고 있습니다.

세포의 조직화

커다란 다세포 유기체는 세포에서 조직, 장기, 계에 이르기까지 여러 단계로 구성되어 있습니다.
이런 조직화는 유기체가 호흡이나 운동 같은 다양한 활동을 할 수 있게 해줍니다.

세포에서 계까지

세포

세포는 생명체를 구성하는 기본
단위입니다. 다세포 유기체의 세포는
혼자서 할 수 있는 일이 별로 없으므로 다른
세포와 함께 중요한 기능을 수행합니다.

조직

조직은 특정 기능을 수행하는
비슷한 세포가 모인 것입니다.
어떤 때는 조직에 두 가지 이상의
세포가 들어 있기도 합니다.

근육세포 하나로는 근육이
움직이게 할 수 없습니다.

여러 근육세포가 함께
근육이 수축하고
이완하게 합니다.

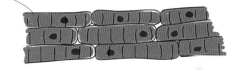

상피세포 하나로는 보호막을
형성할 수 없습니다.

창자와 혈관 등의 구조물 안쪽에
상피세포가 나란히 늘어서며
보호막을 제공합니다.

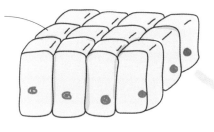

샘세포는 특수한 상피세포지만,
혼자서는 물질을 분비할 수 없습니다.

여러 샘세포가 모여서
효소와 호르몬 같은
물질을 분비합니다.

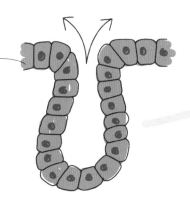

장기

장기는 여러 조직이 모여 특정 기능을 수행하는 기관입니다. 예를 들어, 뇌는 생각과 운동, 언어 등을 통제하는 장기지요. 심장은 온몸에 피를 보내주는 장기입니다. 신장은 피에서 노폐물을 걸러내 오줌을 만듭니다. 몸에서 물과 여분의 소금을 제거하는 데 도움이 됩니다.

위장 역시 장기입니다. 음식을 소화하는 역할을 합니다. 이 목표를 달성하기 위해 여러 조직이 함께 일합니다. 근육 조직은 수축과 이완을 반복해 음식을 섞습니다. 샘조직은 소화액을 만들어 음식을 분해합니다. 상피조직은 위장의 안쪽과 바깥쪽을 덮어 보호합니다.

계

여러 장기는 모여서 계를 만듭니다. 계도 특정한 기능을 수행합니다. 예를 들어, 호흡계에는 폐, 기관 등 다양한 장기가 있습니다. 호흡계는 산소를 몸속으로 받아들이고 이산화탄소를 제거하는 역할을 합니다.

계는 서로 의존합니다. 예를 들어, 소화계의 세포는 필요한 산소를 제공하는 호흡계에 의존합니다. 호흡계의 세포는 활동에 필요한 영양분과 에너지를 제공하는 소화계에 의존합니다.

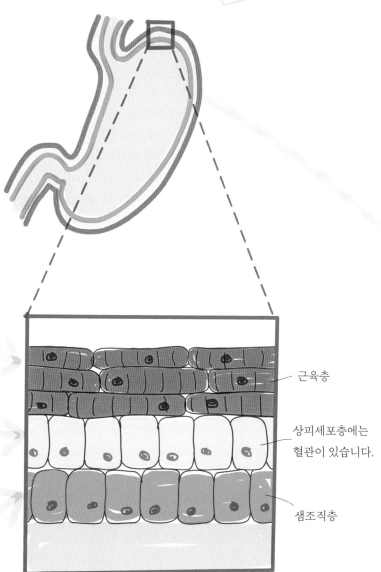

근육층

상피세포층에는 혈관이 있습니다.

샘조직층

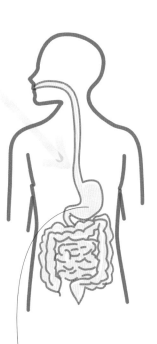

인간의 소화계는 위장을 비롯한 여러 장기로 이루어져 있습니다.

여러 계가 모여서 유기체 전체를 이룹니다.

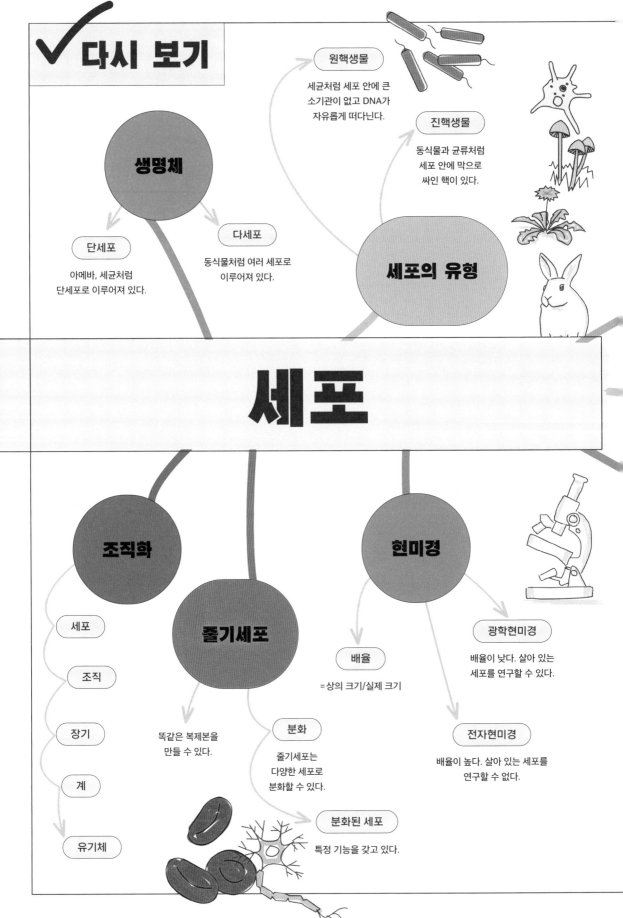

생명체

세포의 유형

원핵생물

세균처럼 세포 안에 큰 소기관이 없고 DNA가 자유롭게 떠다닌다.

진핵생물

동식물과 균류처럼 세포 안에 막으로 싸인 핵이 있다.

단세포

아메바, 세균처럼 단세포로 이루어져 있다.

다세포

동식물처럼 여러 세포로 이루어져 있다.

세포

조직학

세포

조직

장기

계

유기체

줄기세포

똑같은 복제본을 만들 수 있다.

분화

줄기세포는 다양한 세포로 분화할 수 있다.

분화된 세포

특정 기능을 갖고 있다.

배율

= 상의 크기/실제 크기

현미경

광학현미경

배율이 낮다. 살아 있는 세포를 연구할 수 있다.

전자현미경

배율이 높다. 살아 있는 세포를 연구할 수 없다.

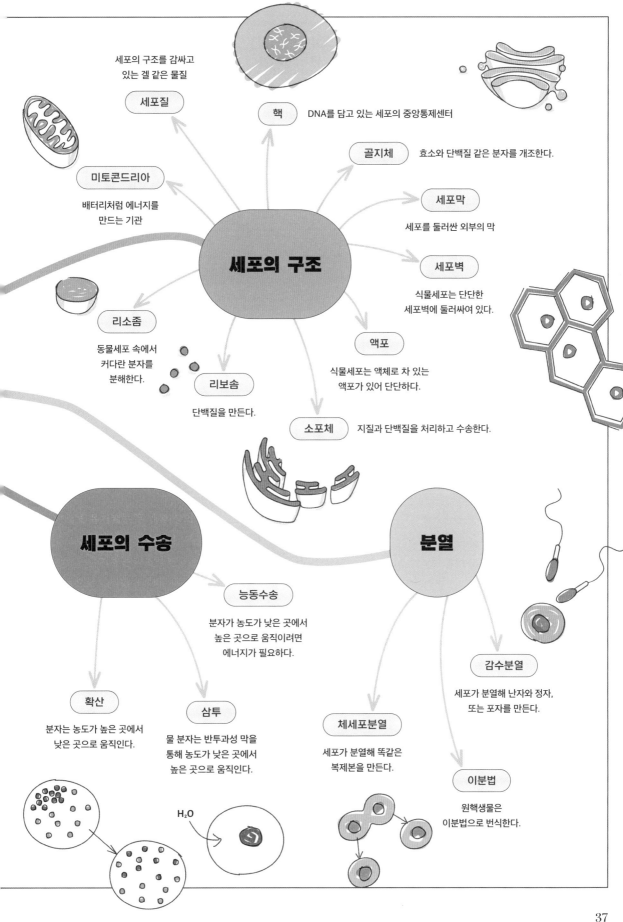

세포의 구조를 감싸고
있는 겔 같은 물질

세포질

핵 · DNA를 담고 있는 세포의 중앙통제센터

골지체 · 효소와 단백질 같은 분자를 개조한다.

미토콘드리아

배터리처럼 에너지를
만드는 기관

세포막

세포를 둘러싼 외부의 막

세포벽

식물세포는 단단한
세포벽에 둘러싸여 있다.

세포의 구조

리소좀

동물세포 속에서
커다란 분자를
분해한다.

리보솜

단백질을 만든다.

액포

식물세포는 액체로 차 있는
액포가 있어 단단하다.

소포체 · 지질과 단백질을 처리하고 수송한다.

세포의 수송

능동수송

분자가 농도가 낮은 곳에서
높은 곳으로 움직이려면
에너지가 필요하다.

분열

감수분열

세포가 분열해 난자와 정자,
또는 포자를 만든다.

확산

분자는 농도가 높은 곳에서
낮은 곳으로 움직인다.

삼투

물 분자는 반투과성 막을
통해 농도가 낮은 곳에서
높은 곳으로 움직인다.

체세포분열

세포가 분열해 똑같은
복제본을 만든다.

이분법

원핵생물은
이분법으로 번식한다.

H₂O

3장

유전학

유전학은 DNA와 키와 머리털 색 같은 특징, 특정 질병에 취약한 특성이 어떻게 자손으로 전달되는지를 연구하는 분야입니다. 모든 생명체는 DNA를 통해 부모에게서 유전 정보를 물려받습니다.

이 장에서는 DNA의 구조와 유전자의 영향, 유전자 서열에 실수가 생길 때 벌어지는 일에 관해 배웁니다. 유전자 편집이라는 신생 과학에 관해 알아보고 DNA가 환경과 어떻게 상호작용해 우리를 고유한 개인으로 만들어주는지도 살펴보겠습니다.

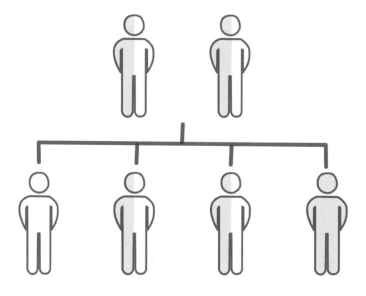

DNA

생명체는 DNA라 불리는 디옥시리보핵산의 형태로 유전 정보를 갖고 있습니다.
DNA는 핵산의 한 종류입니다. 핵산은 탄소와 수소, 산소, 질소, 인으로 이루어져 있습니다.

DNA는 중합체이기도 합니다. **중합체**는 비슷한 기본 단위가 다량으로 이어져 있는 분자를 말합니다.
DNA는 뉴클레오타이드라는 기본 단위가 반복되어 있습니다. 특별한 방식으로 배열되어 있어
DNA만의 독특한 구조를 가질 수 있지요.

영국의 과학자 **제임스 왓슨**과 **프랜시스 크릭**은 1950년대에 DNA의 구조를
해독했습니다. DNA 두 가닥이 뒤틀린 사다리 모양으로 서로 꼬여 있다는
사실을 보여주는 모형을 만들었지요. 이것을 **이중나선 구조**라고 합니다.

(DNA의 분자 구조)

각각의 **뉴클레오타이드**는
당 분자 하나, 인산 분자 하나,
염기 하나로 이루어져 있습니다.

인산기: 인 원자 한 개와 산소
원자 네 개로 이루어져 있습니다.

당: DNA는 **디옥시리보스**라는
단순당으로 이루어져 있습니다.
탄소 원자 다섯 개가 있는 둥근
모양의 분자입니다.

염기에는 네 종류가 있습니다.
티민(T)과 아데닌(A),
시토신(C), 구아닌(G)이
있습니다.

염기: 이 분자는 질소를 갖고 있습니다.
각 염기는 이중나선의 반대쪽 가닥에
있는 다른 염기와 짝을 이룹니다.
이것을 **상보적 염기쌍**이라고 부릅니다.

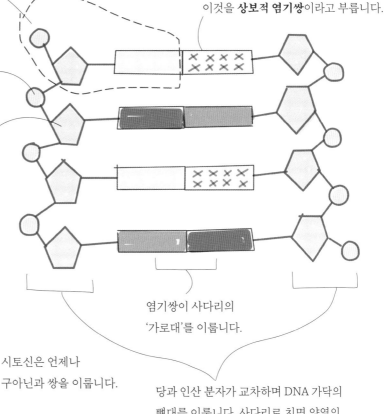

염기쌍이 사다리의
'가로대'를 이룹니다.

시토신

구아닌

시토신은 언제나
구아닌과 쌍을 이룹니다.

아데닌

티민

아데닌은 언제나
티민과 쌍을 이룹니다.

당과 인산 분자가 교차하며 DNA 가닥의
뼈대를 이룹니다. 사다리로 치면 양옆의
지지대가 됩니다.

염색체와 유전자

DNA는 길고 가느다란 분자입니다. 사람 세포 하나에 있는 DNA의 길이는 약 2미터입니다. DNA는 수백 종류나 되는 인간의 세포 거의 모두에 들어 있습니다.

염색체는 **유전자**를 담고 있습니다. 유전자의 크기는 다양합니다. 가장 작은 것은 수백 쌍의 염기로 이루어져 있습니다. 가장 큰 건 200만 쌍 이상의 염기를 갖고 있습니다. 유전자는 DNA의 일부로, 헤모글로빈과 테스토스테론 같은 단백질의 설계도입니다.

DNA의 구조

핵 안에서 DNA는 **염색체**라고 하는 개별적인 조각 안에 담겨 있습니다.

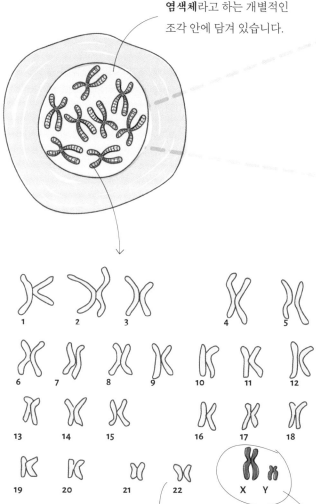

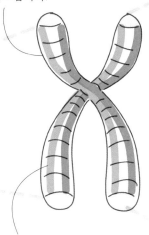

염색체에는 단백질을 만들지 않는 DNA도 담겨 있습니다. 이런 DNA를 **비암호화** DNA라고 부릅니다. 원래 유전학자들은 이 비암호화 DNA에 아무런 기능이 없다고 생각했습니다. 하지만 지금은 대부분이 활성화되어 어떤 역할을 하고 있다고 생각합니다. 일부 비암호화 DNA는 특정 세포에서 핵심 유전자를 껐다 켰다 하는 스위치 역할을 합니다. 유전자가 언제 어디서 쓰여야 할지를 조절합니다. 예를 들어 어떤 세포가 신경세포가 될지 근육세포가 될지를 정할 수도 있습니다. 유전자 활동의 변화를 **유전자 발현**의 변화라고 말합니다.

유기체의 종류에 따라 염색체의 수가 다릅니다. 예를 들어, 사람의 염색체는 23쌍(총 46개)입니다. 염색체 한 쌍 중 하나는 어머니에게서, 다른 하나는 아버지에게서 받은 것입니다.

사람의 염색체 중 22쌍은 상염색체입니다. 성염색체가 아닌 다른 모든 염색체를 말하며, 1에서 22까지 숫자를 붙여 나타냅니다. 상염색체에는 수많은 유전자가 있어 여러 가지 특징에 영향을 끼칩니다.

23번째 염색체는 **성염색체**입니다. 성염색체는 자손이 남자가 될지 여자가 될지를 결정합니다.

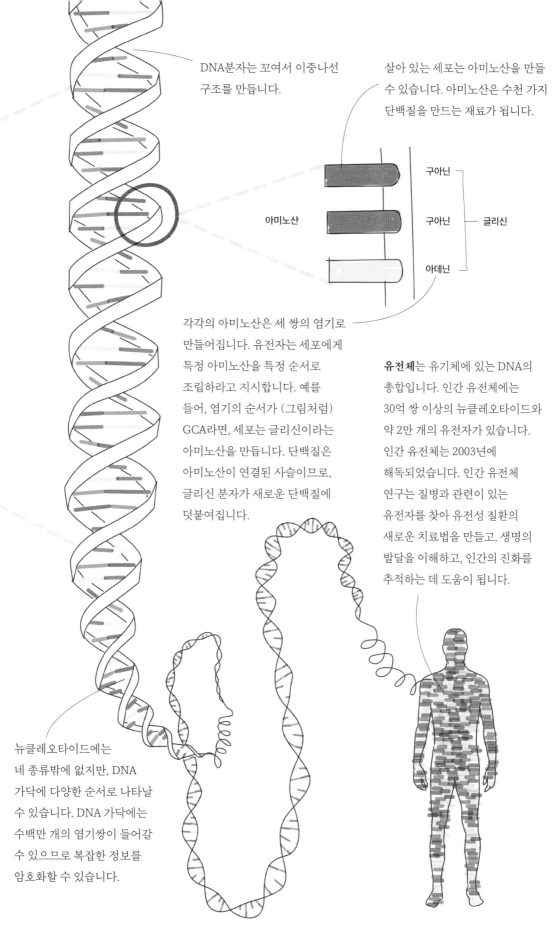

DNA분자는 꼬여서 이중나선 구조를 만듭니다.

살아 있는 세포는 아미노산을 만들 수 있습니다. 아미노산은 수천 가지 단백질을 만드는 재료가 됩니다.

아미노산

구아닌

구아닌 ┐
        ├ 글리신
아데닌 ┘

각각의 아미노산은 세 쌍의 염기로 만들어집니다. 유전자는 세포에게 특정 아미노산을 특정 순서로 조립하라고 지시합니다. 예를 들어, 염기의 순서가 (그림처럼) GCA라면, 세포는 글리신이라는 아미노산을 만듭니다. 단백질은 아미노산이 연결된 사슬이므로, 글리신 분자가 새로운 단백질에 덧붙여집니다.

유전체는 유기체에 있는 DNA의 총합입니다. 인간 유전체에는 30억 쌍 이상의 뉴클레오타이드와 약 2만 개의 유전자가 있습니다. 인간 유전체는 2003년에 해독되었습니다. 인간 유전체 연구는 질병과 관련이 있는 유전자를 찾아 유전성 질환의 새로운 치료법을 만들고, 생명의 발달을 이해하고, 인간의 진화를 추적하는 데 도움이 됩니다.

뉴클레오타이드에는 네 종류밖에 없지만, DNA 가닥에 다양한 순서로 나타날 수 있습니다. DNA 가닥에는 수백만 개의 염기쌍이 들어갈 수 있으므로 복잡한 정보를 암호화할 수 있습니다.

유전

각 유기체는 부모의 특성을 보이곤 합니다. 유전자의 절반을 어머니에게서, 나머지 절반을 아버지에게서 물려받기 때문입니다. 유전자는 키나 눈 색깔에서 달리기 속도와 커피에 대한 취향에 이르기까지 거의 모든 특성에 영향을 끼칩니다.

대립유전자

짝이 될 수 있는 서로 다른 유전자를
대립유전자라고 합니다. 예를 들어, 꽃잎의
색을 조절하는 유전자가 있습니다. 어떤
유전자는 빨간 꽃을 피우고, 다른 유전자는
하얀 꽃을 피울 수 있습니다. 꽃잎의 색깔이

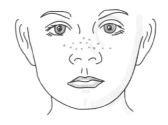 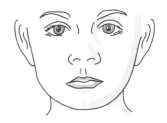

어떻게 나올지는 물려받은 대립유전자에 큰 영향을 받습니다. 대립유전자는 우성이거나 열성일 수 있습니다.

우성유전자는 하나만 갖고 있어도 영향을 끼칩니다. 예를 들어, 주근깨를 만드는 사람의 유전자에는 여러 가지 대립유전자가 있습니다. 만약 어떤 사람이 주근깨를 만드는 우성유전자를 하나 또는 두 개 물려받았다면, 그 사람은 주근깨가 생깁니다. 43쪽의 표에서 볼 수 있듯이 우성유전자는 대문자로 나타냅니다.

열성유전자는 두 유전자를 모두 갖고 있을 때만 영향을 받습니다. 사람의 경우 주근깨가 생기지 않게 해주는 열성유전자가 있습니다. 만약 어떤 사람이 이 열성유전자를 두 개 갖고 있다면, 그 사람은 주근깨가 생기지 않습니다. 열성유전자는 소문자로 나타냅니다.

만약 어떤 유기체가 어떤 대립유전자를 똑같은 것으로 두 개 갖고 있다면, 그 유전자에 대해 **동형접합**이라고 말합니다. 만약 어떤 유기체가 서로 다른 대립유전자를 두 개 갖고 있다면, 그 유전자에 대해 **이형접합**이라고 말합니다.

유전적 결과 예측하기

그레고르 멘델은 19세기 당시에는 오스트리아였던 체코공화국의
수도사입니다. 유전 형질을 결정하는 법칙을 탐구하기 위해 완두콩으로
실험을 했고, 그 결과를 1866년에 발표했습니다. 멘델의 연구는 오늘날
현대 유전학의 기초가 되었습니다.

멘델은 '유전단위'가 식물의 형질을 결정한다는 사실을 알아냈습니다.
오늘날에는 그 단위가 유전자라는 사실을 알고 있습니다. 멘델은 자손이 한
단위를 각 부모에게서 물려받는다는 사실과 그 단위가 우성이거나 열성일
수 있다는 사실을 알아냈습니다. 이 정보는 형질이 다른 식물을 교배할 때
어떤 결과가 나올지를 예측하는 데 쓰일 수 있습니다. 오늘날에는 퍼네트
도표를 이용합니다.

퍼네트 도표

완두콩의 경우 빨간 꽃(R)이 우성이고 하얀 꽃(r)은 열성입니다.

이 완두콩은 똑같은 대립유전자 두 개를 갖고 있으므로 동형접합입니다. 꽃이 빨간 건 빨간 대립유전자(R)가 우성이기 때문입니다.

이 완두콩 역시 동형접합이지만, 열성인 하얀 대립유전자(r)를 두 개 갖고 있기 때문에 꽃이 하얀색입니다.

완두콩이 감수분열을 통해 배우자를 만들 때 대립유전자가 나뉩니다. 배우자의 절반은 한 대립유전자를, 나머지 절반은 다른 대립유전자를 갖습니다.

자손은 각 부모에게서 대립유전자를 하나씩 물려받습니다.

결과: 첫 번째 자손 세대는 모두 빨간색이며 이형접합이다.

결과: 두 번째 자손 세대에서는 색이 섞여서 나타난다.

75%는 빨간색이고, 25%는 하얀색이다.

절반은 동형접합이다.
절반은 이형접합이다.

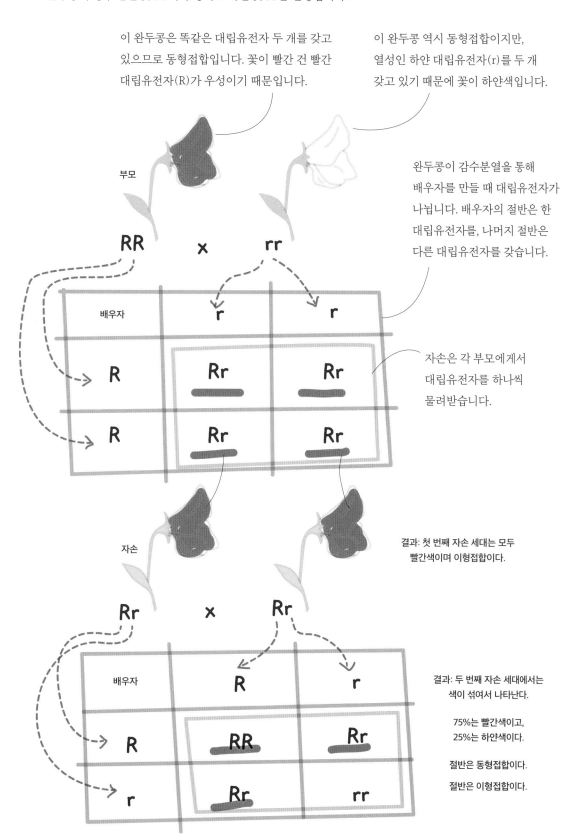

43

생식

생식은 중요합니다. 생식은 생명이 세월을 이기고 영속할 수 있게 해주는 방법입니다. 유기체는 자신의 유전 정보를 자손에게 전달합니다. 생식에는 두 가지 기본 유형이 있습니다. 유성생식과 무성생식입니다.

유성생식

유성생식은 부모의 유전 정보가 결합하면서 이루어집니다. 그 결과 자손과 부모는 유전적으로 달라집니다. 대부분의 식물, 동물, 균류는 유성생식을 합니다.

유성생식은 감수분열을 이용합니다. 이 특별한 형태의 세포분열은 **반수체**인 배우자를 만듭니다. 염색체가 정상의 절반만 들어 있다는 뜻입니다. 두 배우자가 결합하면 접합자가 됩니다. 그 결과로 생기는 세포는 **이배체**입니다. 각 부모에게서 하나씩 물려받아 완전한 염색체 한 쌍을 갖추었다는 뜻입니다.

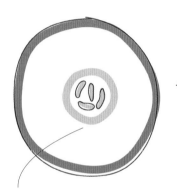 + 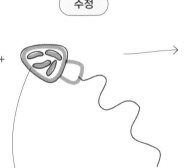 수정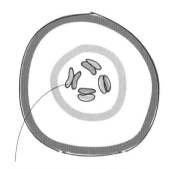

사람의 난자에는 염색체 23개(그림에는 4개만 나타냈습니다)가 있습니다. 난자는 반수체 세포입니다.

사람의 정자에는 염색체 23개(그림에는 4개만 나타냈습니다)가 있습니다. 정자는 반수체 세포입니다.

정자가 난자를 수정시키면 **접합자**라고 하는 이배체 세포가 됩니다. 여기에는 23쌍, 또는 46개의 염색체가 있습니다. 접합자에는 어머니와 아버지에게서 받은 유전물질이 섞여 있습니다.

유성생식과 무성생식의 장단점

유성생식은 짝을 찾아 번식하는 데 시간과 에너지가 많이 듭니다. 장점은 부모에게서 DNA를 물려받을 수 있다는 것입니다. 그러면 유전 변이가 생겨 각 개인의 유전자가 조금씩 달라집니다. 이것은 한 종의 장기 생존에 유리합니다. 예를 들어, 새로운 전염병이 나타났다고 생각해 보세요. 만약 모든 자손의 유전자가 똑같다면, 다 같이 병에 걸려 죽을 수 있습니다. 하지만 자손의 유전자가 서로 다르다면, 일부는 살아남을 수 있습니다.

동물의 배우자를 정자와 난자라고 부릅니다. 꽃을 피우는 식물의 배우자는 꽃가루와 난세포라고 부릅니다. 균류의 배우자는 포자라고 합니다.

딸기

무성생식

무성생식은 부모가 필요하지 않습니다. 태어나는 자손은 부모와 유전자가 똑같습니다. 이것을 클론이라고 합니다. 세균과 같은 원핵생물은 무성생식으로 자손을 만듭니다. 일부 동식물도 그렇습니다.

부모 식물

기는 줄기

클론

딸기는 작은 소식물체가 달린 기는 줄기를 뻗는 방식으로 무성생식한다.

수선화

뉴멕시코 채찍꼬리도마뱀은 암컷만 있는 도마뱀입니다. 수정되지 않는 난자가 성체로 발달하며 무성생식을 합니다. 이런 방식을 **단위생식**이라고 합니다. 무성생식은 배우자의 융합이 일어나지 않아도 됩니다. 유전 정보가 섞이지 않아 부모와 자손 사이에 유전 변이가 일어나지 않습니다.

원래 식물

무성생식으로 생긴 딸식물

수선화는 땅속에서 저장기관을 키운다. 이것이 나중에 새로운 식물로 발달한다.

무성생식은 세포가 분열하며 자신과 똑같은 복제를 만드는 체세포분열을 통해 이루어집니다. 동식물이 성장하기 위해 새로운 세포를 만드는 것과 같은 원리입니다.

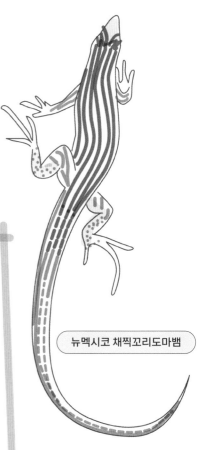

뉴멕시코 채찍꼬리도마뱀

무성생식은 부모 중 하나만 있으면 됩니다. 짝을 찾을 필요가 없어서 유성생식보다 에너지가 훨씬 덜 듭니다. 그래서 유성생식보다 빠르게 이루어집니다. 수많은 개체가 빠른 속도로 번식할 수 있지요. 하지만 유전적으로 모두 똑같습니다. 이것은 환경 변화에 대처하기 어려워진다는 뜻이므로 단점이 됩니다.

성별 결정

성염색체라 불리는 단 두 염색체가 성별을 결정합니다. 각각은 문자로 나타냅니다.
예를 들어, 사람의 성염색체는 X와 Y로 나타냅니다. 사람의 염색체는 23쌍입니다. 23번째 쌍이 성염색체이지요.
성염색체는 크기가 다를 때도 많습니다. 사람의 경우 Y염색체가 매우 작습니다.

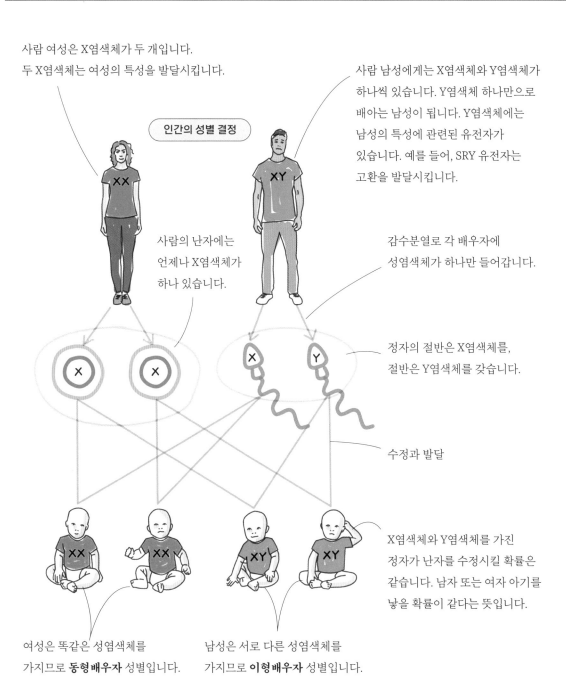

사람 여성은 X염색체가 두 개입니다.
두 X염색체는 여성의 특성을 발달시킵니다.

사람 남성에게는 X염색체와 Y염색체가
하나씩 있습니다. Y염색체 하나만으로
배아는 남성이 됩니다. Y염색체에는
남성의 특성에 관련된 유전자가
있습니다. 예를 들어, SRY 유전자는
고환을 발달시킵니다.

인간의 성별 결정

사람의 난자에는
언제나 X염색체가
하나 있습니다.

감수분열로 각 배우자에
성염색체가 하나만 들어갑니다.

정자의 절반은 X염색체를,
절반은 Y염색체를 갖습니다.

수정과 발달

X염색체와 Y염색체를 가진
정자가 난자를 수정시킬 확률은
같습니다. 남자 또는 여자 아기를
낳을 확률이 같다는 뜻입니다.

여성은 똑같은 성염색체를
가지므로 **동형배우자** 성별입니다.

남성은 서로 다른 성염색체를
가지므로 **이형배우자** 성별입니다.

다른 종은 다른 성염색체를 갖기도 합니다.
새와 물고기, 일부 곤충과 파충류는
Z염색체와 W염색체를 갖습니다.
이때는 Z염색체와 W염색체의
조합으로 자손의 성별이
정해집니다.

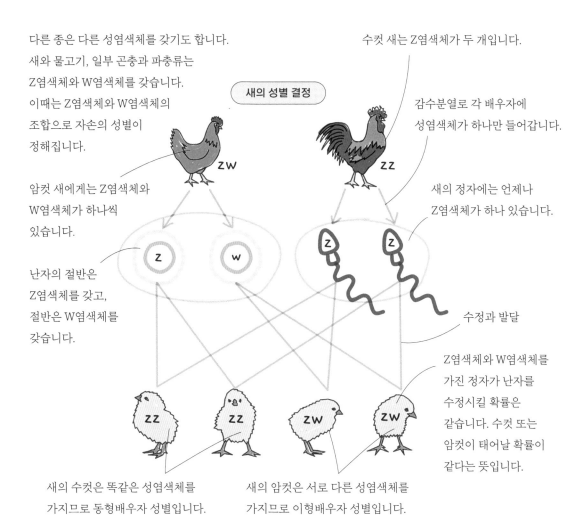

새의 성별 결정

수컷 새는 Z염색체가 두 개입니다.

감수분열로 각 배우자에
성염색체가 하나만 들어갑니다.

암컷 새에게는 Z염색체와
W염색체가 하나씩
있습니다.

새의 정자에는 언제나
Z염색체가 하나 있습니다.

난자의 절반은
Z염색체를 갖고,
절반은 W염색체를
갖습니다.

수정과 발달

Z염색체와 W염색체를
가진 정자가 난자를
수정시킬 확률은
같습니다. 수컷 또는
암컷이 태어날 확률이
같다는 뜻입니다.

새의 수컷은 똑같은 성염색체를
가지므로 동형배우자 성별입니다.

새의 암컷은 서로 다른 성염색체를
가지므로 이형배우자 성별입니다.

유전자 섞기

한 부모를 둔 형제자매는 각
부모에게서 염색체를 하나씩
물려받습니다. 그런데 똑같은
염색체를 물려받아도 생김새는
제각기 다릅니다.
어떻게 된 일일까요?

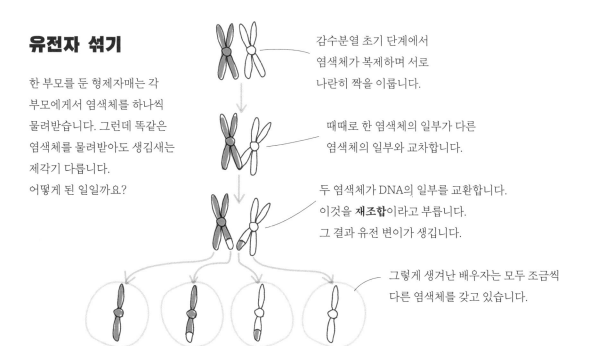

감수분열 초기 단계에서
염색체가 복제하며 서로
나란히 짝을 이룹니다.

때때로 한 염색체의 일부가 다른
염색체의 일부와 교차합니다.

두 염색체가 DNA의 일부를 교환합니다.
이것을 **재조합**이라고 부릅니다.
그 결과 유전 변이가 생깁니다.

그렇게 생겨난 배우자는 모두 조금씩
다른 염색체를 갖고 있습니다.

돌연변이

때로는 유전 암호에 오류가 생깁니다. 이런 오류를 돌연변이라고 합니다. 어떤 돌연변이는 유전됩니다. 부모에게서 자손에게 전달되지요. 어떤 돌연변이는 저절로 생깁니다.

때때로 세포가 분열할 때 오류가 생깁니다. 어떨 때는 오염이나 방사선 같은 환경 요인이 돌연변이를 일으킵니다.

돌연변이는 유전 암호의 염기쌍 순서에 변화를 가져옵니다. 그러면 유전 변이가 생겨 똑같지만 조금 다른 유전자가 생깁니다. 유전자는 아미노산을 조립해 단백질을 만드는 설계도입니다. 만약 돌연변이로 조립하는 아미노산이 바뀌면 단백질도 달라질 수 있습니다. 돌연변이에는 치환, 삽입, 결실 세 종류가 있습니다.

돌연변이는 흔하게 일어납니다. 대부분은 단백질 생산에 큰 영향을 끼치지 않습니다. 단백질은 큰 분자이므로 가끔 조그만 변화가 생겨도 기능하는 데 문제가 생기지 않습니다. 그러나 어떨 때는 그 영향이 큽니다. 어떤 돌연변이는 단백질의 모양을 바꿔 적절한 기능을 못 하게 합니다. 예를 들어, 효소는 아주 구체적인 모양을 지닌 복잡한 단백질입니다. 만약 효소의 모양이 바뀌면 표적에 달라붙을 수 없어 효과를 발휘하지 못합니다.

유전 암호가 네 개이므로 세 개씩 조합할 수 있는 경우의 수는 64가지입니다. 그러나 아미노산은 20종류만 있습니다. 따라서 때로는 여러 조합이 똑같이 한 아미노산을 만들기도 합니다.

아미노산에는 알라닌과 트레오닌 같은 이름이 있습니다. 세 개씩 묶인 유전 암호가 각각의 아미노산을 지정합니다.

돌연변이

치환 돌연변이: 염기 하나가 다른 염기로 바뀝니다. 예를 들어, T가 G로 바뀝니다. 그러면 아미노산 하나가 달라질 수 있습니다.

삽입 돌연변이: 염기 하나가 DNA 서열에 삽입되어 그 뒤쪽의 서열이 모두 한 자리씩 뒤로 밀려납니다. 그러면 수많은 아미노산이 바뀔 수 있습니다.

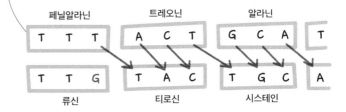

결실 돌연변이: 염기 하나가 서열에서 사라지며 그 뒤쪽의 서열이 모두 한 자리씩 당겨집니다. 그러면 수많은 아미노산이 바뀔 수 있습니다.

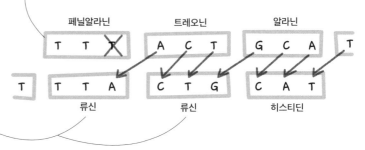

48

유전질환

만약 배우자에 돌연변이가 있다면 부모에게서 아이에게로 전달될 수 있습니다. 그 돌연변이가 사람에게 악영향을 끼치면 낭성섬유증과 겸상적혈구빈혈증 같은 **유전질환**을 일으킬 수도 있지요. 대부분의 유전질환은 열성 대립유전자 때문에 생깁니다. 하지만 헌팅턴병이나 마르팡증후군처럼 일부는 우성 대립유전자의 발현으로 생길 수 있습니다.

낭성섬유증은 핵심 유전자에 돌연변이가 생기면서 발생합니다. 돌연변이의 양상은 조금씩 다를 수 있지만, 흔히 뉴클레오타이드 세 개가 결실됩니다. 그러면 걸쭉하고 끈적끈적한 점액이 분비되어 폐와 소화기관을 막습니다. 그 결과 폐에 감염이 일어나거나 음식을 소화하는 데 문제가 생깁니다. 낭성섬유증은 열성 대립유전자 때문에 생깁니다.

만약 어떤 사람이 잘못된 대립유전자 하나를 갖고 있다면, 낭성섬유증이 발병하지 않습니다. 하지만 그 사람은 보인자가 됩니다. 만약 부모가 모두 보인자라면, 각각 50 대 50의 확률로 잘못된 대립유전자를 자손에게 전달합니다.

낭성섬유증의 유전

보인자   보인자   부모

낭성섬유증에   보인자   보인자   낭성섬유증에
걸리지 않음   걸림

자손

만약 자손이 잘못된 대립유전자를 물려받지 않으면, 낭성섬유증에 걸리지 않고 보인자도 되지 않습니다. 여기서 이렇게 될 확률은 4분의 1입니다.

만약 자손이 잘못된 대립유전자 한 개를 물려받는다면, 낭성섬유증에 걸리지 않지만 보인자가 됩니다. 여기서 이렇게 될 확률은 2분의 1입니다.

만약 자손이 잘못된 대립유전자 두 개를 물려받는다면, 낭성섬유증에 걸립니다. 여기서 자손이 병에 걸릴 확률은 4분의 1입니다.

만약 부모 중 한 명 또는 두 명 모두가 이미 낭성섬유증에 걸려 잘못된 대립유전자 두 개를 갖고 있다면, 자손이 어떤 조건을 물려받을 확률은 달라집니다. 만약 부모 중 한 명만 잘못된 유전자 하나를 갖고 있다면, 자손이 병에 걸릴 확률은 또 달라집니다.

유전자 편집

현재 낭성섬유증과 같은 유전질환은 치료할 수 없습니다. 증상을 어느 정도 다스릴 수는 있지만, 병의 원인인 유전자는 그대로이기 때문입니다. 생물학자들은 유전자 편집이라는 신기술이 이런 상황을 바꿀 수 있을 거라고 기대하고 있습니다.

크리스퍼-캐스9를 이용한 유전자 편집

유전자 편집은 유기체의 DNA를 정확하게 바꿀 수 있는 기술입니다. 가장 널리 쓰이는 방법은 크리스퍼-캐스9입니다. 이 방법은 저렴하고 용이합니다.

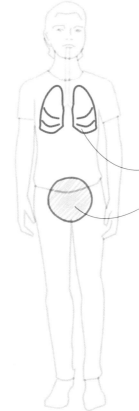

크리스퍼-캐스9은 분자 가위를 이용하는 것과 같습니다. DNA 가닥을 잘라내고 각각의 염기를 삽입하거나 삭제하거나 바꿀 수 있습니다.

몇몇 과학자들은 유전자 편집 기술이 유전질환을 치료하는 데 큰 도움이 될 수 있다고 생각하지만, 생식세포에 쓰여 인간의 유전체를 바꾼다면 윤리적인 문제가 생깁니다. 현재 대부분의 나라에서는 윤리와 안전 문제 때문에 생식세포와 배아의 유전자 편집을 금지하고 있습니다.

미래에 크리스퍼-캐스9은 특정 세포의 DNA를 편집하는 데 쓰일 수 있습니다. 이것을 **체세포 치료**라고 부릅니다. 체세포는 정자와 난자를 제외한 우리 몸속의 세포를 말합니다. 낭성섬유증에 걸린 사람의 폐 세포 안의 DNA를 바꾸는 데 쓰일 수 있지요. 그러면 증상을 완화할 수 있습니다.

크리스퍼-캐스9은 정자와 난자의 DNA를 편집하는 데도 쓰일 수 있습니다. 이것을 **생식세포 치료**라고 부릅니다. 생식세포의 변화는 이후 세대로 쭉 이어지게 됩니다. 잘못된 낭성섬유증 대립유전자를 가진 사람의 배우자를 바꾸는 데 쓰일 수 있지요. 그러면 자손은 질병을 물려받지 않을 수 있습니다. 유전질환을 완전히 치료할 수 있게 됩니다.

유전자 편집의 활용

유전자 편집 기술은 의학 분야에서 폭넓게 쓰이고 있습니다. 유전자의 기능을 연구하고, 질병을 연구하기 위한 동물 모형을 만들고, 새로운 치료법을 개발하는 데 활용됩니다.

또, 식품 기술 분야에서도 글루텐이 들어 있지 않은 밀이나 매운 토마토, 알레르기를 일으키지 않는 식품 등을 만드는 데 쓰입니다. 농업에서는 유전자 편집 기술을 이용해 고기가 많은 소나 양을 만들고, 특정 질병에 강한 동물 품종을 개발합니다.

조류의 DNA를 편집하면 효율적인 바이오연료를 만들 수 있습니다. 하지만 크리스퍼-캐스9을 가장 과감하게 사용하는 곳은 **멸종 복원** 분야입니다. 멸종해 사라진 동물을 다시 되살리는 일이지요.

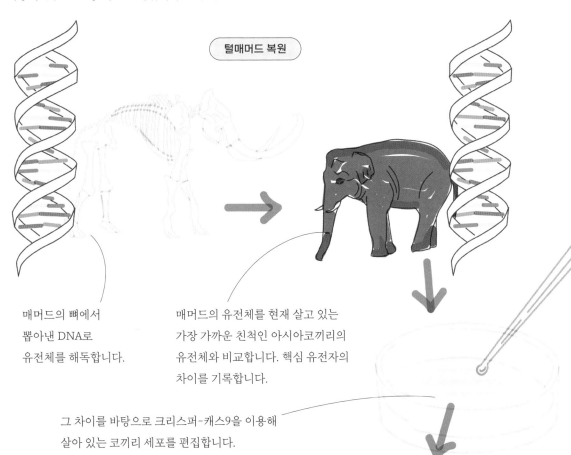

털매머드 복원

매머드의 뼈에서
뽑아낸 DNA로
유전체를 해독합니다.

매머드의 유전체를 현재 살고 있는
가장 가까운 친척인 아시아코끼리의
유전체와 비교합니다. 핵심 유전자의
차이를 기록합니다.

그 차이를 바탕으로 크리스퍼-캐스9을 이용해
살아 있는 코끼리 세포를 편집합니다.

편집한 세포의 DNA를 복제에 이용해
실제 털매머드와 비슷한 동물을
만듭니다. 멸종 동물 복원 기술은 아직
매우 초기 단계에 있어 털매머드 새끼를
보려면 아직 한참 기다려야 합니다.

유전과 환경

혈연관계가 아닌 사람의 유전체도 99.5% 이상 동일합니다.
일란성 쌍둥이의 유전체는 그보다 훨씬 더 비슷합니다.
그런데도 우리는 모두 성격과 관심사, 체질 등이 서로 다른
고유한 사람이 됩니다. 우리가 DNA의 대부분을 공유하고 있는데,
어떻게 이런 일이 가능할까요?
그건 모두 유전과 환경의 문제로 귀결됩니다.

유전

생명체는 세포 안에 있는 DNA의 영향을 받습니다.

어떤 특성은 유전자 한 개만으로 정해집니다. 하지만 이런 경우는 흔치 않습니다. 예를 들어, 적록색맹은 유전자 한 개의 변이로 발생합니다. 이 돌연변이가 있는 사람은 빨간색과 초록색, 갈색을 잘 구별하지 못합니다.

대부분의 특성은 수많은 유전자의 영향을 받습니다. 지능이나 비만과 같은 복잡한 특성은 유전자 단 하나로 결정되지 않습니다. 수천 가지의 유전 변이가 서로 복합적으로 영향을 끼칩니다.

쌍둥이 연구

유전과 환경이 각각 얼마나 중요한지를 알아보기 위해 쌍둥이를 연구에 활용합니다.

일란성쌍둥이는 수정란 하나가 둘로 나뉘면서 태어납니다. DNA가 서로 똑같습니다.

이란성쌍둥이는 각각의 난자와 정자가 따로 결합해 태어납니다. DNA의 절반을 공유합니다.

쌍둥이는 으레 똑같은 환경에서 자랍니다. 만약 어떤 특성에 유전적인 요인이 있다면, 일란성쌍둥이는 이란성쌍둥이보다 그 특성을 공유할 가능성이 더 큽니다. 이런 아이디어에 기반을 둔 쌍둥이 연구는 수천 번이나 이루어졌습니다. 그 결과 유전자가 달리기 속도에서 커피에 대한 취향에 이르기까지 거의 모든 면에 영향을 끼친다는 사실이 드러났습니다.

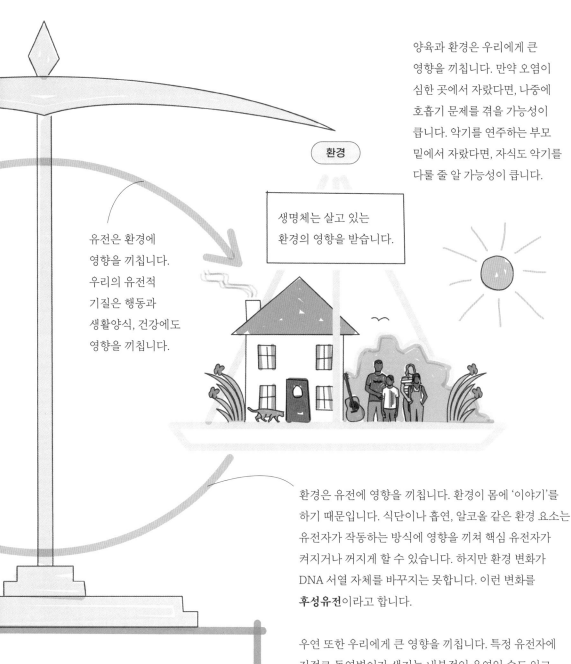

양육과 환경은 우리에게 큰 영향을 끼칩니다. 만약 오염이 심한 곳에서 자랐다면, 나중에 호흡기 문제를 겪을 가능성이 큽니다. 악기를 연주하는 부모 밑에서 자랐다면, 자식도 악기를 다룰 줄 알 가능성이 큽니다.

환경

유전은 환경에 영향을 끼칩니다. 우리의 유전적 기질은 행동과 생활양식, 건강에도 영향을 끼칩니다.

생명체는 살고 있는 환경의 영향을 받습니다.

환경은 유전에 영향을 끼칩니다. 환경이 몸에 '이야기'를 하기 때문입니다. 식단이나 흡연, 알코올 같은 환경 요소는 유전자가 작동하는 방식에 영향을 끼쳐 핵심 유전자가 켜지거나 꺼지게 할 수 있습니다. 하지만 환경 변화가 DNA 서열 자체를 바꾸지는 못합니다. 이런 변화를 **후성유전**이라고 합니다.

우연 또한 우리에게 큰 영향을 끼칩니다. 특정 유전자에 저절로 돌연변이가 생기는 내부적인 우연일 수도 있고, 교통사고와 같은 외부적인 우연일 수도 있습니다. 이런 사건은 우리의 몸과 행동을 바꾸고, 나아가 유전자의 활동도 바꾸어놓습니다. 유전자의 활동이 바뀌면 다시 몸과 행동이 영향을 받으며, 계속해서 그렇게 순환이 이루어집니다.

그러나 쌍둥이 연구에서 이런 특성의 대부분이 유전자로 결정되는 건 아니라는 사실도 드러났습니다. 환경 역시 중요한 역할을 합니다. 키와 눈 색깔과 같은 특성은 유전자의 영향을 더 많이 받습니다. 하지만 수학 능력이나 중독과 같은 특성은 자란 환경의 영향을 더 많이 받습니다. 유전과 환경 둘 다 중요한 것이지요.

배우자	R	r
R	RR	Rr
r	Rr	rr

짝이 될 수 있는 서로 다른 유전자.
우성 대립유전자는 하나 또는
둘이 있으면 영향을 끼친다. 열성
대립유전자는 둘 다 있을 때만
영향을 끼친다.

대립유전자

똑같은 두 대립유전자 = 동형접합
서로 다른 두 대립유전자 = 이형접합

조합

멘델 유전학에서
유전의 결과를 예측하는 데 쓰인다.

퍼네트 도표

유전

유전학

난자와 정자 같은 생식세포.
염색체의 절반만 갖고 있는 반수체다.

배우자

생식

X   Y

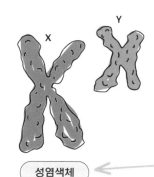

성염색체

유성생식

두 부모가 필요한 생식. 반수체인
배우자가 결합해 자손을 만들며,
자손은 유전적으로 다양하다.

무성생식

한 부모만으로 이루어지는 생식.
이배체인 배우자가 복제해 자손을
만들며, 자손은 유전적으로 동일하다.

인간의 X염색체와 Y염색체, 새의 Z염색체와
W염색체처럼 성별을 결정한다.

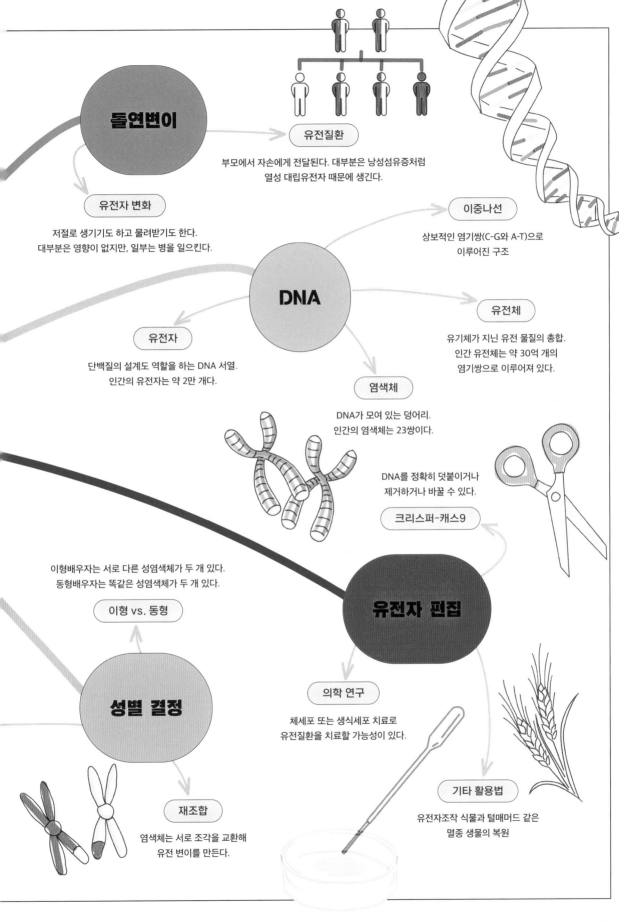

돌연변이

유전질환

부모에서 자손에게 전달된다. 대부분은 낭성섬유증처럼
열성 대립유전자 때문에 생긴다.

유전자 변화

저절로 생기기도 하고 물려받기도 한다.
대부분은 영향이 없지만, 일부는 병을 일으킨다.

이중나선

상보적인 염기쌍(C-G와 A-T)으로
이루어진 구조

DNA

유전자

단백질의 설계도 역할을 하는 DNA 서열.
인간의 유전자는 약 2만 개다.

유전체

유기체가 지닌 유전 물질의 총합.
인간 유전체는 약 30억 개의
염기쌍으로 이루어져 있다.

염색체

DNA가 모여 있는 덩어리.
인간의 염색체는 23쌍이다.

DNA를 정확히 덧붙이거나
제거하거나 바꿀 수 있다.

크리스퍼-캐스9

이형배우자는 서로 다른 성염색체가 두 개 있다.
동형배우자는 똑같은 성염색체가 두 개 있다.

이형 vs. 동형

유전자 편집

성별 결정

의학 연구

체세포 또는 생식세포 치료로
유전질환을 치료할 가능성이 있다.

재조합

염색체는 서로 조각을 교환해
유전 변이를 만든다.

기타 활용법

유전자조작 식물과 털매머드 같은
멸종 생물의 복원

4장

진화

자연 선택에 의한 진화론은 역사상 가장 강력한 과학 이론 중 하나입니다. 한 세기가 넘게 쌓인 엄밀한 증거가 진화론을 뒷받침하고 있지요. 진화론은 모든 생물이 어떻게 30억 년 전에 생겨난 단순한 생명체에서 비롯했는지, 지구의 모든 종이 어떻게 나타났는지, 시간이 흐르며 생명체가 어떻게 끊임없이 변하는지를 설명해줍니다. 이 장에서 우리는 이 매혹적이고 중요한 이론에 관해 배웁니다.

찰스 다윈과 비글호 항해

영국 과학자 두 사람이 각각 독립적으로 진화론을 생각해 냈습니다. **찰스 다윈**과 **알프레드 러셀 월레스**입니다.
1858년 두 사람은 각자 논문으로 발표했지만, 두 논문 모두 거의 주목을 받지 못했습니다.
다음 해 다윈은 『종의 기원』이라는 책을 출간했고, 진화론이 떠오르기 시작했습니다.

진화론은 다윈이 비글호를 타고 여행하는 동안 형태를 갖추었습니다. 다윈은 비글호가 남아메리카 대륙 주위를 항해하는 동안 관찰한 야생동물을 자세히 관찰했습니다.

다윈은 갈라파고스제도의 핀치를 연구했습니다. 그러다 섬에 따라 그곳에 사는 종이 다르다는 사실을 깨달았습니다. 어떤 종은 겉보기에 비슷했지만, 중요한 차이가 있었지요.

다윈의 핀치

어떤 핀치의 부리는 좁고 뾰족해
곤충을 잡아먹기에 좋다.

어떤 핀치의 부리는 두껍고 구부러져 있어
씨앗을 깨뜨려 열기에 좋다.

갈라파고스 제도

갈라파고스는
10여 개의 섬으로
이루어진 군도입니다.

남아메리카

어떤 핀치의 부리는 길고 날카로워
선인장을 뜯어 먹기에 좋다.

다윈은 핀치가 모두 가까운 친척으로 공통 조상의 후손이라는 사실을 깨달았습니다. 차이가 생긴 건 오랫동안 다른 섬에서 시간을 보내며 그곳의 환경에 각자 적응했기 때문이었습니다. 이후 다윈은 추가적인 화석 연구를 통해 '자연 선택에 의한 진화론'을 주장했습니다.

자연선택에 따른 진화

시간이 흐르며 생명체가 어떻게 변하는지를 설명해 주는 진화론은 대단히 중요한 과학 이론입니다.
진화론에 따르면, 진화는 세 가지 핵심적인 요인으로 이루어집니다. 변이와 자연선택, 유전입니다.

변이: 한 종의 구성원은 대체로 비슷하지만, 중요한 차이가 있습니다. 예를 들어, 어떤 개체가 더 크거나 작을 수 있습니다. 가뭄에 강하거나 추위에 더 잘 견딜 수도 있습니다. 이처럼 관찰할 수 있는 차이점을 **표현형**이라고 합니다.

자연선택에 따른 다윈의 진화론

자연선택: 환경에 가장 적합한 개체는 생존해서 자손을 남길 가능성이 큽니다. 다윈은 이를 **적자생존**이라고 불렀습니다. 환경에 적합하지 않은 개체는 생존해서 자손을 남길 가능성이 적습니다.

유전: 개체는 성공적인 적응 형질을 자손에게 물려줍니다. 이런 형질은 자손에서 자손으로 계속 이어집니다. 다윈은 이런 생각을 **변화를 동반한 계승**이라고 불렀습니다.

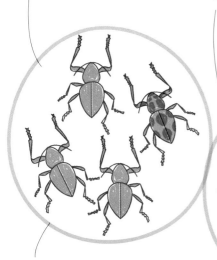

어떤 딱정벌레는 등껍질이 회색이고, 어떤 딱정벌레는 등껍질이 얼룩덜룩합니다. 유기체의 생존에 도움이 되는 특징은 **적응**의 결과입니다. 딱정벌레의 얼룩덜룩한 등껍질이 적응의 결과입니다.

얼룩덜룩한 등껍질은 몸을 위장해 잡아먹힐 가능성을 줄이고 번식할 가능성을 높여줍니다. 민무늬 등껍질은 눈에 더 잘 띄기 때문에 잡아먹힐 가능성이 크며, 따라서 번식할 가능성이 적습니다. 얼룩덜룩한 딱정벌레의 수는 늘어나고, 민무늬 딱정벌레는 점점 줄어듭니다.

시간이 흐르면, 얼룩덜룩한 딱정벌레가 회색 딱정벌레의 자리를 차지합니다. 딱정벌레가 진화하고 있는 것입니다.

오늘날에는 변이가 유전자 돌연변이로 생긴다는 사실을 알고 있습니다. 유기체의 DNA에 변화가 생기면 표현형이 달라집니다. 그 결과는 유용할 수도, 해로울 수도, 아무 영향이 없을 수도 있습니다.

다윈의 진화론에 대한 반응

진화론을 처음 발표하자 사람들은 다윈을 비웃었습니다.
빅토리아 시대의 잡지들은 원숭이의 몸에 다윈의 머리를 얹은
그림을 실었습니다.

당시 진화론이 논란의 대상이었던 이유는 다음과 같습니다.

• 어떤 사람들은 다윈의 진화론을 뒷받침할 증거가 충분하지
  않다고 생각했습니다.

• '무엇'이 유전되는지 정확히 아는 사람이 없었습니다. 오늘날
  우리는 유기체가 번식할 때 유전자가 전달된다는 사실을 알고
  있습니다.

• 신이 지구의 모든 생명체를 창조했다는 일반적인 믿음과
  모순이 되었습니다.

사람들은 다윈을 오해했습니다. 다윈이 '사람은 원숭이에서 진화했다'라고 주장하는 줄 알았지요.
하지만 다윈은 오래전에 사람과 원숭이의 공통 조상이 있었을 것이라고 추측했습니다. 오늘날에는
많은 사람이 이 사실을 잘 알고 있습니다.

다윈의 진화론에 대한 대안

19세기 프랑스의 생물학자
장 밥티스트 라마르크는 진화론에
대한 대안 이론을 주장했습니다.
동물이 살면서 하는 행동이 몸에
영향을 끼치고, 이런 변화가
유전된다는 이론이었습니다.
이것을 **용불용설**이라고 합니다.
이후 용불용설은 사실이 아님이
드러났습니다.

기린이 나무 높은 곳에 있는 잎과
가지를 먹기 위해 여러 세대에 걸쳐
목이 길어지게 진화했다는 라마르크의
주장은 유명합니다.

종 분화

돌연변이는 변이를 일으키고, 변이는 적응에 유리한 특성을 만들어냅니다. 그런 특성을 갖춘 개체는 생존과 번식에 유리합니다. 시간이 흐르면서 이 과정은 새로운 종의 진화로 이어집니다.

종은 서로 번식해 생식이 가능한 자손을 만들 수 있는 비슷한 유기체의 집단입니다. 새로운 종이 나타나는 현상을 **종 분화**라고 부릅니다.

새로운 종은 여러 가지 방식으로 생길 수 있습니다. 하지만 분리와 고립이 가장 흔한 방식입니다.

본래의 레서판다 집단

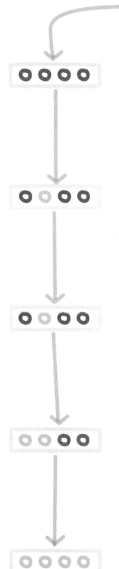

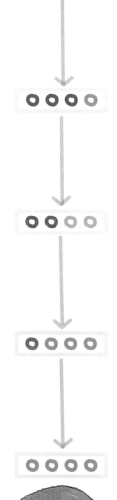

고립

유기체 두 집단이 산맥이나 댐과 같은 장애물 때문에 물리적으로 고립됩니다. 예를 들어, 25만 년 전 레서판다 집단 하나가 강을 사이에 두고 나뉘었습니다.

변이

집단 안에서 변이를 일으키는 돌연변이가 발생합니다. 그 결과 일부 레서판다는 털 색깔과 꼬리 무늬가 달라집니다.

자연 선택

강 양쪽의 환경은 서로 다릅니다. 예를 들어, 두 지역은 기후와 지형이 조금 다릅니다. 각 지역에서 가장 잘 적응한 개체기 생존해 번식하고, 저응하지 못한 개체는 죽어서 없어집니다. 강 한쪽에 있는 레서판다는 더 붉은 털과 줄무늬 꼬리를 갖도록 진화합니다. 반대쪽 레서판다는 색이 더 옅어집니다.

유전

승리한 유전자는 다음 세대로 전달됩니다. 시간이 흐를수록 두 집단의 유전적 차이가 더 커집니다.

종 분화

만약 두 집단의 개체가 짝짓기할 기회를 얻었을 때 상대방에게 관심이 없거나 생식 능력이 있는 자손을 만들지 못한다면, 종 분화가 일어난 것입니다. 이제 레서판다는 중국레서판다*Ailurus styani*와 히말라야레서판다*Ailurus fulgens* 두 종이 있습니다.

멸종

새로운 종이 태어나고, 옛 종은 사라집니다. 종의 구성원이 모두 사라지면 종은 **멸종**합니다. 종이 환경 변화에 적응하지 못할 때 멸종이 일어나지요. 과학자들은 지구에 살았던 종의 99.9% 이상이 멸종했다고 추정합니다.

멸종은 수많은 이유로 일어납니다.

소행성: 6500만 년 전 거대한 소행성이 지구에 충돌하면서 공룡이 멸종했습니다. 이건 매우 드물게 일어나는 일입니다!

기후 변화: 브램블 케이 멜로미스라는 쥐는 호주의 그레이트배리어리프의 한 섬에 살았습니다. 하지만 2019년에 멸종했습니다.

질병: 호주의 태즈메이니아 데빌이라는 유대류는 서로 물고 싸울 때 퍼지는 감염성 암 때문에 멸종 위기에 처해 있습니다.

외래종 침입: 때로는 외부에서 들어온 종이 토착종을 밀어내기도 합니다. 카카포는 족제비와 쥐 같은 외래종에게 알과 새끼를 잡아먹히면서 수가 줄었습니다.

인간 활동: 양쯔강 돌고래는 서식지인 강의 오염과 물고기 남획, 과도한 선박 운항으로 최근 멸종했습니다.

뉴질랜드의 카카포는 땅에서 사는 앵무새입니다. 현재 멸종 위기에 놓여 있어 멸종을 막기 위한 보존 운동이 활발합니다.

다음과 같은 경우에 종은 멸종 위기에 처합니다.

• 개체의 수가 많지 않을 때. 예를 들어, 카카포의 수는 약 200마리입니다.

• 남은 개체의 유전적 다양성이 부족할 때. 현존하는 카카포는 모두 몇 안 되는 조상의 후손입니다. 서로 가까운 친척이라서 유전적 변이가 제한적입니다.

진화의 증거

오늘날 자연 선택에 따른 진화론은 폭넓게 인정받고 있습니다. 지구에 사는 생명의 풍성함과 변화를 설명할 수 있는 가장 뛰어난 이론입니다. 이제 전 세계의 과학자가 오랫동안 수집한 수많은 증거가 진화론을 뒷받침하고 있습니다.

화석 기록

화석은 오래전에 살았던 유기체의 몸이 보존되어 남은 것입니다. 화석 기록은 현존하는 모든 화석을 통틀어 일컫는 말입니다. 화석 기록은 시간의 흐름에 따른 생명체의 변화를 보여주기 때문에 중요합니다. 그리고 과학자는 화석으로 멸종한 종과 진화 과정을 연구할 수 있습니다.

유기체가 화석이 되는 건 드문 일입니다. 하지만 환경이 알맞으면 거의 모든 생명체가 돌 속의 화석으로 남을 수 있습니다. 과학자들은 동식물과 균류는 물론 세균의 화석까지 찾아냈습니다. 유기체는 이탄이나 타르, 호박, 얼음 속에서도 보존될 수 있습니다.

화석 기록은 안타까울 정도로 드문드문 존재하며 불완전합니다. 그렇지만 과학자들은 놀라운 화석을 많이 찾아냈습니다. 화석은 시간이 흐르며 생명체가 어떻게 변했는지를 보여줍니다.

화석은 어떻게 생길까?

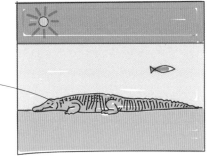

악어가 죽어서 강바닥에 가라앉습니다.

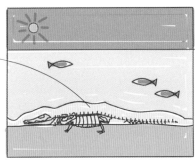

죽은 악어는 금세 **퇴적물**이라고 하는 작은 돌가루에 묻힙니다. 부드러운 부분은 썩어서 사라지고 뼈나 이빨 같은 단단한 부분이 남습니다.

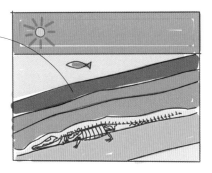

더 많은 퇴적물이 층층이 쌓입니다. 퇴적물이 뼈에 압력을 가합니다. 광물이 뼈 안으로 스며들어가 악어를 이루고 있던 생체분자를 대체합니다. 수백만 년이 지나면, 뼈는 돌이 됩니다.

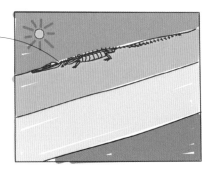

지질학적 과정에 따라 강바닥이 솟아올라 밖으로 드러납니다. 악어를 덮고 있던 바위 층이 바람과 비에 풍화되어 날아갑니다. 이것을 **침식**이라고 부릅니다. 마침내 화석이 드러납니다.

점점 복잡해지는 생명

진화론에 따르면, 지구의 모든 생명체는 수십억 년 전에 모습을 드러낸 단순한 유기체의 후손입니다. 그리고 진화가 이루어지면서 생명체는 점점 더 복잡해졌습니다. 화석 기록도 이런 생각을 뒷받침합니다. 또, 많은 종은 멸종합니다. 티라노사우루스 렉스처럼 멸종한 종이 화석으로 남은 것을 볼 수 있습니다. **과도기적 화석**, 즉 먼 조상과 현재의 후손 사이에 있는 중간 형태의 화석도 존재합니다.

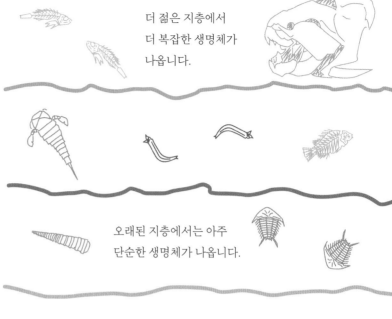

더 젊은 지층에서 더 복잡한 생명체가 나옵니다.

오래된 지층에서는 아주 단순한 생명체가 나옵니다.

시조새는 세계적으로 손꼽힐 정도로 유명한 화석입니다. 이 까마귀만 한 동물은 약 1억 5000만 년 전에 살았습니다.

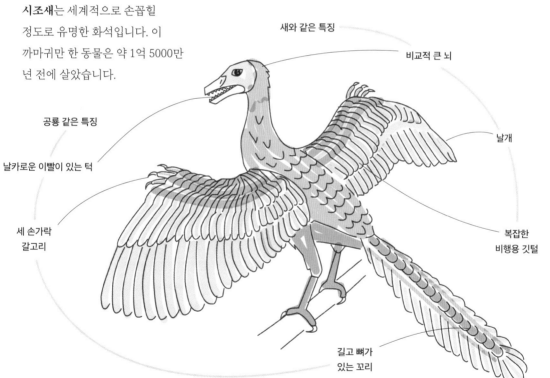

새와 같은 특징

비교적 큰 뇌

날개

복잡한 비행용 깃털

길고 뼈가 있는 꼬리

공룡 같은 특징

날카로운 이빨이 있는 턱

세 손가락 갈고리

1859년 『종의 기원』을 출간했을 때 다윈은 과도기적 화석이 부족해서 곤란을 겪었습니다. 예를 들어, 사람들은 파충류인 공룡이 새처럼 아주 다른 생물로 바뀌었다는 사실을 상상하기 어려워했습니다.

2년 뒤 첫 번째 시조새 화석이 발견되었습니다. 시조새는 공룡과 새 사이의 '잃어버린 고리'를 제공하며 다윈의 이론을 뒷받침한 중요한 존재입니다. 오늘날 새가 두 다리로 걷는 공룡인 수각룡의 후손이라는 사실은 널리 인정받고 있습니다. 그리고 그 뒤로 많은 과도기적 화석이 발견되었습니다.

진화는 현재진행 중

다윈은 진화 과정이 수억 년에 걸쳐 천천히 일어난다고 생각했습니다. 하지만 때때로 우리는 눈앞에서 진화가 일어나는 모습을 볼 수 있습니다. 이건 진화론의 강력한 증거가 되지요.

회색가지나방

회색가지나방은 진화의 아이콘입니다. 유기체가 환경 변화에 대응하고 진화하는 모습을 분명하게 보여주고 있지요. 진화론을 뒷받침하기 때문에 '다윈의 나방'이라고도 불립니다.

산업혁명 이전

회색가지나방은 밤에 날아다니고, 낮에는 쉽니다.

회색가지나방은 밝은 색 날개에 검은 점이 있습니다.

회색가지나방이 진화합니다. 위장에 유리한 검은 나방이 점점 더 많아집니다. 밝은 색의 나방은 새에게 들켜 잡아먹히기 쉬워서 점점 줄어듭니다.

공장 굴뚝에서 나오는 연기와 검댕이 회색가지나방이 낮 동안 쉬는 나무에 달라붙습니다.

산업혁명기

무작위로 생긴 돌연변이가 색소와 관련된 유전자 하나를 바꿉니다. 돌연변이로 검은 날개를 가진 나방이 생겨납니다.

회색가지나방이 진화합니다. 검은 나방은 새에게 들켜 잡아먹히기 쉬워서 점점 줄어듭니다. 위장에 유리한 밝은 색 나방이 점점 더 많아집니다.

환경보호법안이 통과됩니다. 오염이 줄어들고 나무가 원래 색으로 돌아옵니다.

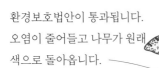

산업혁명 이후

내성 세균

빠른 속도로 번식하는 작은 유기체가
진화하는 모습을 관찰하는 건 비교적
쉽습니다. 세균이 좋은 사례입니다.
항생제 내성 세균의 등장은 자연
선택에 의한 진화의 한 사례입니다.

항생제는 병원에서 처방하며, 가축과
작물의 질병을 예방하기 위해
농업에서도 널리 쓰입니다.

항생제는 세균에게만 효과가
있습니다. 하지만 종종 필요하지
않을 때도 쓰입니다. 그러면
항생제가 듣지 않는 내성 세균이
늘어날 위험이 있습니다. 메티실린
내성 황색포도알균(MRSA)이 이런
내성 세균 중 하나입니다. 대부분의
항생제가 듣지 않아 위험하지요.

항생제 내성 세균의 발생을
줄이려면…

• 의사는 심각한 세균 감염일 때만
  항생제를 처방해야 합니다.
  바이러스성 질병일 때는 처방하면
  안 됩니다.

• 환자는 처방받은 항생제를 끝까지
  먹어야 합니다. 그래야 세균을 모두
  죽일 수 있고, 세균이 돌연변이를
  일으켜 내성 세균이 되지 않게 막을
  수 있습니다.

• 농업에서 항생제 사용을 줄여야
  합니다.

 보통 세균

 항생제 내성 세균

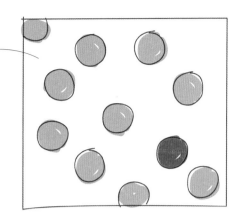

보통 세균 중
하나(빨간색)가
돌연변이를
일으킵니다.

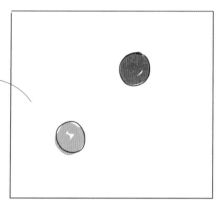

항생제를 사용해 세균을
죽입니다. 보통 세균은
거의 모두 죽지만,
돌연변이가 생긴 세균은
죽지 않습니다. 이
세균이 항생제 내성
세균입니다.

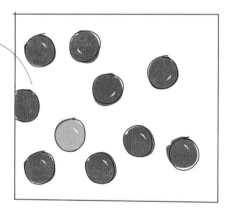

돌연변이가 없는
세균은 죽거나
번식하지 못합니다.
내성 세균의 수가
늘어나 더 많아집니다.

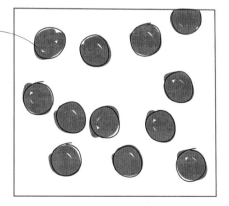

새로운 항생제 내성
세균이 생겨났습니다.
사람들은 면역이 없고
항생제도 듣지 않아
세균이 널리 퍼집니다.

공통의 해부학적 특성

만약 진화론에서 하는 말처럼 지구의 모든 생명체가 똑같은 공통 조상의 후손이라면, 서로 관련이 있는 유기체는 몇몇 해부학적 특성을 공유해야 합니다. 서로 다른 종이 비슷한 해부학적 특성을 물려받아 공유하고 있다면, 그것을 **상동구조**라고 부릅니다.

사람과 새, 고래는 모두 아주 오래전 공통 조상의 후손입니다. 겉모습은 많이 다를지 몰라도 내부 구조는 비슷한 면이 있습니다.

그림 속의 뼈는 구조가 모두 비슷합니다. 이런 뼈가 바로 상동구조입니다.

척추동물은 등뼈가 있는 동물을 말합니다. 모두 똑같은 공통 조상의 후손이지요. 그 결과 척추동물의 배아는 모두 비슷하게 생겼습니다. 모든 척추동물의 배아에는 꼬리가 있습니다. 물고기와 같은 동물의 경우 꼬리가 발달하지만, 사람의 경우에는 그렇지 않습니다. 사람의 꼬리는 **흔적기관**입니다. 흔적기관은 조상에게서 물려받았지만, 지금은 거의 혹은 전혀 기능이 없는 기관을 말합니다. 그러나 과거에는 유용했겠지요.

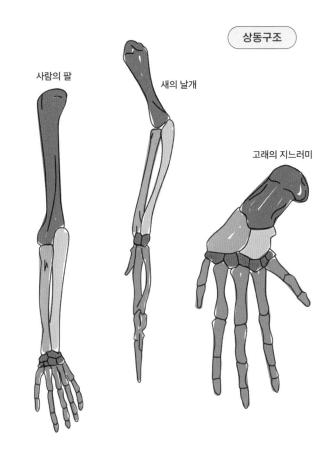

상동구조

사람의 팔

새의 날개

고래의 지느러미

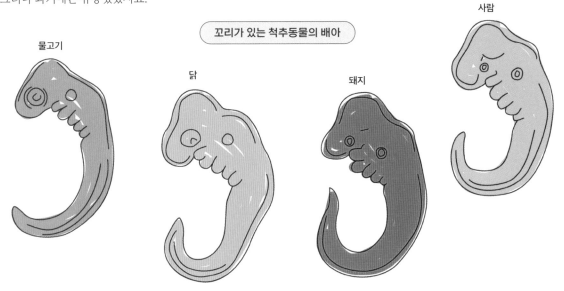

꼬리가 있는 척추동물의 배아

물고기

닭

돼지

사람

공통의 유전 형질

모든 생명체는 똑같은 유전 암호를 사용하며, 유전 암호는 부모에게서 자손에게로 세대를 거쳐 전달됩니다. 진화론에 따르면, 지구의 모든 생명체는 똑같은 공통 조상의 후손입니다. 만약 이게 사실이라면, 모든 생명체는 똑같은 유전 형질을 공유하고 있어야 합니다.

유전학자들은 여러 종의 유전체를 비교한 결과 유기체가 상당수의 유전자를 공유한다는 사실을 알아냈습니다. 예를 들어, 사람은 세균과 식물을 비롯한 다른 유기체와 수천 개의 유전자를 공유합니다.

좀 더 가까운 종은 먼 종보다 더 많은 유전자를 공유합니다. 예를 들어, 사람은 다른 종보다 고릴라와 침팬지 같은 유인원과 더 많은 유전자를 공유합니다. 이것은 유인원이 인간과 가까운 친척이라는 사실을 의미합니다.

사람과 유인원의 사이가 가깝다는 사실을 보여주는 화석 기록도 이 발견을 뒷받침합니다.

과학자들은 **진화의 나무**를 그려 생명체가 어떻게 진화했으며 서로 다른 종이 어떻게 서로 관련이 있는지를 보여줍니다. 아래쪽 그림처럼 진화의 나무는 간단합니다. 때때로 잡종이 생기며 두 가지 사이가 이어지기도 합니다.

생명의 나무

세균 식물 균류 동물

시간

모든 생명체는 하나의 공통 조상에서 비롯했다.

사실 생명의 나무는 나무보다는 덤불에 가깝습니다!

유기체가 여러 집단으로 갈라져 다른 길을 따라 진화하기 시작하는 부분은 포크처럼 생겼습니다. 서로 다른 두 유기체의 과거 조상이 똑같았다면, 이 조상을 **공통 조상**이라고 부릅니다. 공통 조상은 진화의 나무에서 줄기 부분입니다.

끊어지는 선은 멸종을 나타냅니다.

인간의 진화

인간의 진화는 길고 복잡한 이야기입니다. 새로운 증거가 나타날 때마다 항상 새롭게 바뀌어 왔습니다. 우리는 호모 사피엔스 종입니다. 우리 이전에도 인간의 친척이나 인간과 비슷한 종이 많았기 때문에 우리는 스스로 '현생 인류'라고 부릅니다.

인간 진화의 역사

인간과 침팬지는 700만 년 전에 공통 조상에서 갈라졌습니다. 갈라진 집단의 후손 일부는 현대의 유인원으로 진화했고, 나머지는 인간이 되었습니다. 이 후손을 모두 통틀어 **호미닌**이라고 부릅니다.

오스트랄로피테신은 최초의 호미닌입니다. 그 이후 여러 호미닌이 등장했습니다. 호모 속은 240만 년 전에서 150만 년 전 사이에 나타났습니다. 호모 속에는 **호모 하빌리스**, **호모 에렉투스**, **호모 네안데르탈렌시스**(네안데르탈인) 등 적어도 아홉 종이 있었습니다.

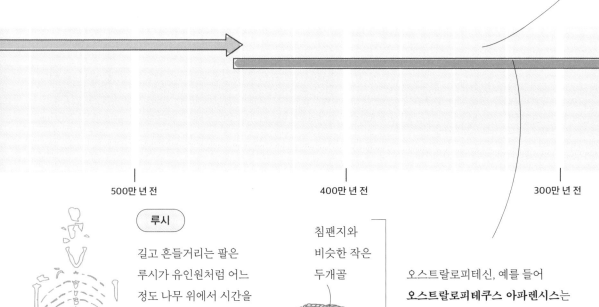

500만 년 전   400만 년 전   300만 년 전

루시

길고 흔들거리는 팔은 루시가 유인원처럼 어느 정도 나무 위에서 시간을 보냈음을 나타냅니다.

골반의 모양과 위치를 보면 루시는 사람처럼 똑바로 설 수 있었습니다.

하체의 뼈는 루시가 인간처럼 똑바로 걸을 수 있었음을 나타냅니다.

침팬지와 비슷한 작은 두개골

유인원과 같은 이빨이 있는 억센 턱

오스트랄로피테신, 예를 들어 **오스트랄로피테쿠스 아파렌시스**는 최초로 진화한 호미닌 중 하나입니다. 유인원을 닮은 이 사람들은 최초로 숲을 떠나 탁 트인 사바나에서 살았습니다. 겉모습은 사람과 유인원을 섞은 듯합니다. 루시라는 별명으로 불리는 가장 유명한 표본은 1974년 에티오피아에서 발견되었습니다.

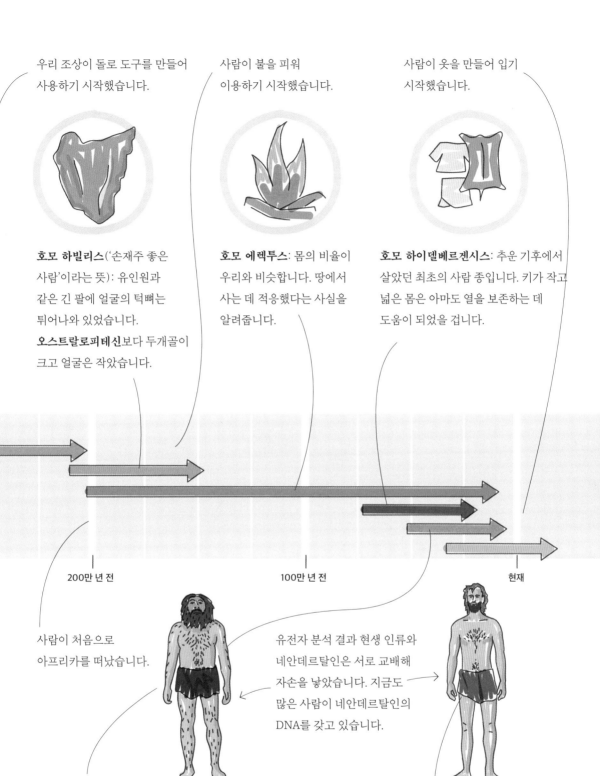

우리 조상이 돌로 도구를 만들어 사용하기 시작했습니다.

사람이 불을 피워 이용하기 시작했습니다.

사람이 옷을 만들어 입기 시작했습니다.

호모 하빌리스('손재주 좋은 사람'이라는 뜻): 유인원과 같은 긴 팔에 얼굴의 턱뼈는 튀어나와 있었습니다. **오스트랄로피테신**보다 두개골이 크고 얼굴은 작았습니다.

호모 에렉투스: 몸의 비율이 우리와 비슷합니다. 땅에서 사는 데 적응했다는 사실을 알려줍니다.

호모 하이델베르겐시스: 추운 기후에서 살았던 최초의 사람 종입니다. 키가 작고 넓은 몸은 아마도 열을 보존하는 데 도움이 되었을 겁니다.

200만 년 전

100만 년 전

현재

사람이 처음으로 아프리카를 떠났습니다.

유전자 분석 결과 현생 인류와 네안데르탈인은 서로 교배해 자손을 낳았습니다. 지금도 많은 사람이 네안데르탈인의 DNA를 갖고 있습니다.

호모 네안데르탈렌시스: 지금은 멸종한, 우리의 가까운 친척. 키가 작고 몸집이 단단했으며, 코가 커서 아마도 차갑고 건조한 공기를 따뜻하고 습하게 만드는 데 도움이 되었을 겁니다.

네안데르탈인은 추운 기후에 적응했습니다. 장식품을 만들고, 죽은 자를 묻고, 장애인을 도울 정도로 발전한 종이었습니다.

현생 인류는 마지막까지 살아남은 호미닌으로, 지금도 계속 진화하고 있습니다. 지난 1만 년 동안 우리는 어른이 된 뒤에도 유당(우유 속의 당)을 소화할 수 있는 능력을 얻었습니다.

✓ 다시 보기

핵심 인물

찰스 다윈

다윈의 진화론은 당시에는 논란이 되었지만, 오늘날에는 폭넓게 인정받는다.

알프레드 러셀 월레스

다윈과 같은 자연 선택에 의한 진화론을 주장했다. 1858년 자신의 생각을 발표했다.

장 밥티스트 라마르크

진화론의 대안으로 획득 형질이 유전된다고 주장했다. 사실이 아님이 드러났다.

진화

인간의 진화

우리 종은 약 30만 년 전에 나타났다. 우리는 아직 진화하고 있다.

호모 사피엔스

호모 네안데르탈렌시스

우리의 멸종한 가까운 친척. 현생 인류와 교배해 자손을 낳았다.

호모 하이델베르겐시스

추운 기후에서 살았다. 열을 보존할 수 있도록 몸이 적응했다.

호모 에렉투스

우리와 몸의 비율이 비슷했다. 땅에서 사는 데 적응했다.

호모 하빌리스

긴 팔과 툭 튀어나온 턱뼈처럼 유인원의 특징을 일부 갖고 있다.

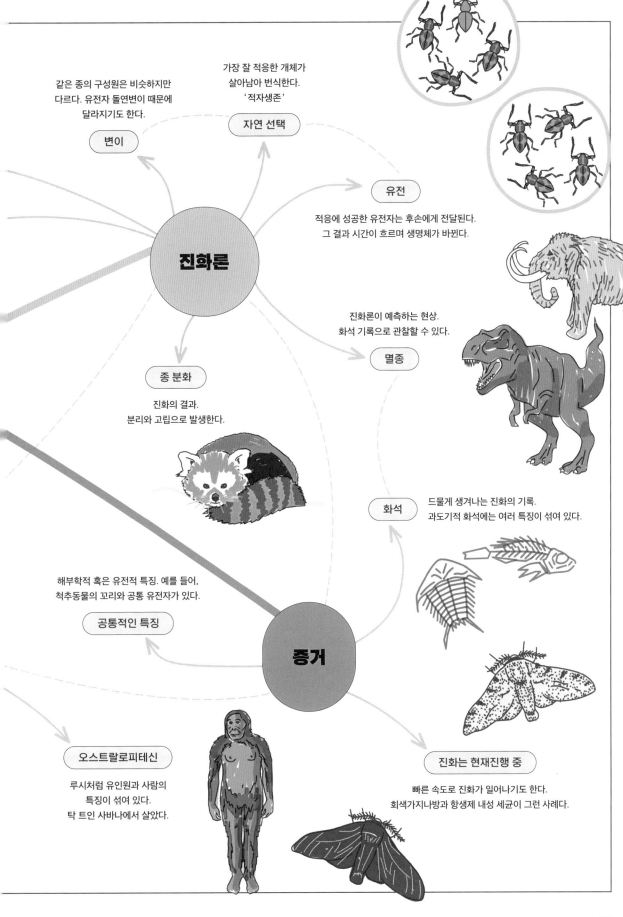

같은 종의 구성원은 비슷하지만
다르다. 유전자 돌연변이 때문에
달라지기도 한다.

변이

가장 잘 적응한 개체가
살아남아 번식한다.
'적자생존'

자연 선택

유전

적응에 성공한 유전자는 후손에게 전달된다.
그 결과 시간이 흐르며 생명체가 바뀐다.

진화론

진화론이 예측하는 현상.
화석 기록으로 관찰할 수 있다.

멸종

종 분화

진화의 결과.
분리와 고립으로 발생한다.

드물게 생겨나는 진화의 기록.
과도기적 화석에는 여러 특징이 섞여 있다.

화석

해부학적 혹은 유전적 특징. 예를 들어,
척추동물의 꼬리와 공통 유전자가 있다.

공통적인 특징

증거

오스트랄로피테신

루시처럼 유인원과 사람의
특징이 섞여 있다.
탁 트인 사바나에서 살았다.

진화는 현재진행 중

빠른 속도로 진화가 일어나기도 한다.
회색가지나방과 항생제 내성 세균이 그런 사례다.

71

5장

생물의 분류

과학자들은 지구에 약 900만 종의 생물이 살고 있다고
추측하고 있습니다. 단순한 단세포생물인 세균에서 복잡한
다세포생물인 동식물까지 모두 포함한 수치입니다.
그리고 대부분은 아직 발견되지 않았습니다. 과학자들은
유기체의 다양한 특징을 바탕으로 생물을 여러 무리로
나눕니다. 이것을 생물 분류라고 합니다. 이 장에서는
지구의 생물 다양성과 생물의 분류에 관해 알아보겠습니다.

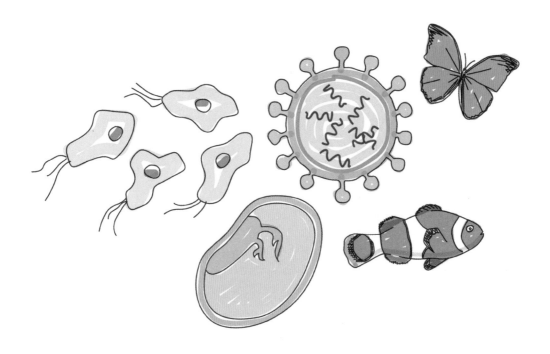

분류의 중요성

과학자들은 생물을 **분류**해 이름을 붙입니다. 분류된 생물이 속한 집단을 **분류군**이라고 합니다.
예를 들어, 종은 분류군의 한 종류입니다.

생물학자들은 여러 가지 이유로
생물을 분류합니다.

• 현존하는 수많은 생물을
  이해하는 데 도움이 됩니다.

• 서로 다른 생물이 어떻게
  관련이 있는지, 진화가 어떻게
  일어났는지 알아내는 데
  도움이 됩니다.

• 새롭게 발견한 유기체를 이해하는
  데 도움이 됩니다. 예를 들어,
  새로운 종의 세균이 발견되었을
  때 과학자들은 기존의 세균과
  비교해 얼마나 감염성이 있는지를
  추측할 수 있습니다.

• 생물학자들에게 공통의 언어를
  제공합니다. 전 세계의 과학자가
  특정 종을 정확하게 부를 수
  있습니다. 이것은 혼란을 피하는
  데 도움이 됩니다.

3역 분류 체계

예전에는 생물을 다른 방식으로
분류했습니다. 하지만 지금은
생물을 세 가지 역 중 하나로
분류합니다. 세균과 고세균,
진핵생물입니다. 이후 계나 과,
종과 같은 더 작은 집단으로
세분화합니다.

3역 분류 체계는 1970년대에 미국의
과학자 칼 워즈가 제안했습니다.

세균: 진세균은 세포 하나로
이루어진 단순한 미생물입니다.

생명

진핵생물: 동물, 균류, 식물,
원핵생물을 포함하는 복잡하고
광범위한 유기체의 집단입니다.

고세균: 극한 환경에서 종종
찾을 수 있는 원시 세균입니다.

분류

생물은 스웨덴의 생물학자 칼 린네가 1700년대에 제안한 방법에 따라 분류합니다. 이것을 **린네 분류 체계**라고 하며, 큰 범주에서 점점 더 작은 범주로 나뉩니다. 계는 문으로 나뉘고, 문은 강으로 나뉘고, 이어서 목, 과, 속, 종으로 나뉩니다.

과학자들은 공통적인 형질을 바탕으로 생물을 나눕니다. 공통 형질이 더 많은 유기체들은 공통 형질이 적은 두 유기체들보다 서로 더 가깝습니다.

과거에 과학자들은 구조와 기능처럼 분명하게 보이는 형질을 비교해 유기체를 비교했습니다. 오늘날에는 유전자와 화학 분석을 비롯한 더욱 정교한 방법을 사용합니다. 그 결과 생물의 분류는 계속해서 다시 이루어지고 있습니다.

어떤 유기체는 흔히 일반적으로 부르는 이름인 향명이 따로 있습니다. 북아메리카와 유라시아에 사는 캐니스 루푸스는 회색늑대라고 부릅니다. 향명은 지역에 따라 다를 수 있습니다.

수가 많아지지만, 유사성은 줄어듭니다.

계: 동물계
유기물을 먹고 산소를 호흡하고 움직일 수 있는 생물

문: 척삭동물문
연골 또는 뼈로 만들어진 척추가 있는 생물

강: 포유강
온혈에, 털이나 털가죽이 있고, 젖을 분비하며, 심장이 네 개의 공간으로 나뉘는 생물

목: 식육목
고기를 먹는 생물. 먹이를 잡아먹기 위해 발톱과 이빨이 발달했습니다.

과: 갯과
개과 비슷한 생물. 늑대, 개, 자칼 등의 동물이 속합니다.

속: 개속
크기가 다양합니다. 잘 발달한 두개골과 이빨, 긴 다리가 있습니다.

종: 캐니스 루푸스
각 유기체는 두 단어로 된 라틴어 이름을 갖습니다. 첫 번째는 속명이고, 두 번째는 종명입니다. 늑대의 학명은 **캐니스 루푸스**입니다.

린네는 종의 이름을 붙이는 방법인 **이명명법**을 개발했습니다.

계

다섯 가지 계가 있습니다. 발달과 영양분에 따라 분류가
달라집니다. 예를 들어, 동물은 먹이를 먹어야 하지만
식물은 스스로 먹이를 만들기 때문에 동물과 식물은 서로
다른 계에 속합니다.

문

같은 계 안에서 서로 다른 특징에 따라 문을 나눕니다.
예를 들어, 꽃을 피우는 식물과 씨앗을 퍼뜨리는
식물은 다른 문에 속합니다.

강

같은 문 안에서 서로 다른 특징에 따라 강을 나눕니다.
예를 들어, 쌍각류(조개, 홍합 등)와 복족류(달팽이,
민달팽이 등)는 연체동물문 안에서 다른 강에 속합니다.

목

같은 강 안에서 서로 다른 특징에 따라 목을 나눕니다.
예를 들어, 전갈과 거미는 거미강 안에서 서로 다른
목에 속합니다.

과

같은 목 안에서 핵심적인 특징에 따라 과를 나눕니다.
예를 들어, 여우원숭이와 유인원은 영장목 안에서
다른 과에 속합니다.

속

같은 과 안에서 서로 다른 특징에 따라 속을 나눕니다.
예를 들어, 장미와 체리는 장미과 안에서 다른 속에
속합니다.

종

같은 종에 속한 개체는 서로 교배해 생식 능력이 있는
자손을 낳을 수 있습니다.

수가 줄어들고, 유사성이 커진다.

다섯 계

동물계
호랑이와 같은
다세포생물

식물계
대개 광합성을 하는
다세포 유기체

균계
버섯, 곰팡이, 효모와
같은 유기체

원생생물계
아메바와 말라리아
원충처럼 동물,
식물, 균류가 아닌
진핵생물 유기체

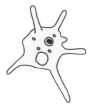

원핵생물계
세균과 남조류처럼
막에 싸인 커다란
소기관이 없는
단세포 유기체

한 종에 속한 생물도 서로 많이 달라
보일 수 있습니다. 커다란 갈색
산란용 닭과 작고 복슬복슬한 관상용
닭은 겉모습이 매우 다릅니다.

원핵생물

원핵생물은 핵산이 세포질 안에서 자유롭게 떠다니는 단순한 단세포 유기체입니다. 크기는 작지만, 대단히 중요한 생물입니다. 사람은 한순간에 사라진다고 해도 다른 생물은 살아남습니다. 하지만 원핵생물이 사라진다면 생물이 살 수 없습니다. 원핵생물은 여러 가지 중요한 역할을 합니다. 영양분을 재활용하고, 유용한 생체분자를 만들고, 탄소와 질소 같은 원소를 공급해줍니다.

일반적인 세균의 모양

막대형 세균
(간균 등)

구형 세균
(구균 등)

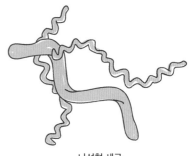

나선형 세균
(나선균 등)

세균

세균은 모든 원핵생물 중에서 가장 다양하고 널리 퍼져 있습니다. 지구 거의 모든 곳에서 찾아볼 수 있지요. 어떤 세균은 뜨거운 산성 온천이나 방사성 폐기물 같은 극한 환경에서도 살아갑니다. 세균은 땅속 깊은 곳과 지구 대기 높은 곳에서도 찾을 수 있습니다.

세균의 형태는 막대, 구, 나선 등으로 다양합니다. **대장균**과 **포도상구균** 같은 일부 세균은 잘 알려져 있지만, 대부분의 세균은 아직 파악이 잘 되지 않았습니다.

세균을 겉보기에는 비슷한 고세균과 구분해 **진세균**이라고도 부릅니다. 세균은 지구 최초의 생명체 중 하나입니다.

대부분의 동물이 생존하는 데는 세균이 필요합니다. 비타민 B_{12}를 만드는 데 필요한 유전자와 효소를 세균이 갖고 있기 때문입니다. 세균은 먹이 사슬을 통해 비타민을 동물에게 제공합니다.

몇몇 해로운 세균은 질병을 일으키지만, 많은 세균은 이롭습니다. 예를 들어, 사람의 장에 사는 세균은 음식 소화를 돕고 장기의 감염을 막는 장벽 역할을 합니다.

세균 배양

세균은 실험실에서 키울 수 있습니다. 세균을 연구하고 새로운 항생제를 만들려는 과학자에게 도움이 되는 일입니다.

페트리 접시에 영양분이 담겨 있습니다. 이것을 **배지**라고 부릅니다. 한천같이 단단한 젤리일 때도 있고, 액체일 때도 있습니다.

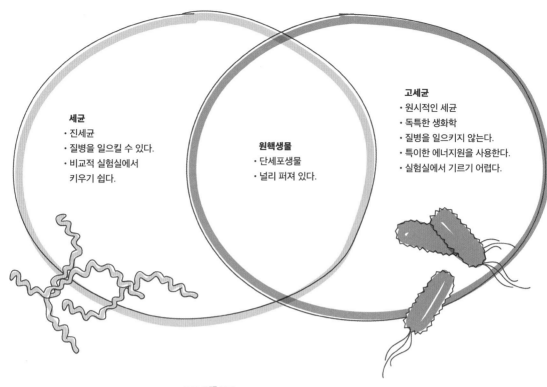

세균
- 진세균
- 질병을 일으킬 수 있다.
- 비교적 실험실에서 키우기 쉽다.

원핵생물
- 단세포생물
- 널리 퍼져 있다.

고세균
- 원시적인 세균
- 독특한 생화학
- 질병을 일으키지 않는다.
- 특이한 에너지원을 사용한다.
- 실험실에서 기르기 어렵다.

고세균

고세균은 온천이나 심해의 열수공 같은 극한 환경에서 찾을 수 있습니다. 원래는 **극한환경 미생물**(극한 환경에서 살아가는 유기체)로 분류했었지만, 지금은 그보다 훨씬 더 널리 퍼져 있다는 사실을 알게 되었습니다.

고세균은 보통 세균보다도 더 작습니다. **원시적인 세균**이라고 부르지만, 실제로는 진세균보다 진핵생물에 더 가깝습니다.

고세균은 여러 문으로 나뉩니다. 하지만 실험실에서 키우며 연구하기가 매우 어려워서 분류하는 게 어렵습니다.

세균과 고세균은 비슷해 보이지만, 둘은 생화학과 분자 구성에서 큰 차이가 있습니다. 예를 들어, 고세균의 막은 완전히 다른 종류의 지질로 이루어져 있습니다.

고세균은 특이한 에너지원을 사용하기도 합니다. 당과 같은 유기화합물에서 금속 이온이나 수소 기체, 태양광선 등의 무기물질까지 다양합니다.

피펫이나 금속 루프를 이용해 배지에 세균을 옮깁니다.

페트리 접시를 따뜻하고 습한 인큐베이터에 넣으면 세균이 증식합니다. 만약 한천 배지에서 세균을 키운다면, 표면에 작은 군집이 생기는 모습을 눈으로 볼 수 있습니다. 액체 속에서 키운다면, 증식한 세균이 구름처럼 탁한 곳을 만든 게 보입니다.

진핵생물

진핵생물은 가장 다양한 생물역입니다. 동식물처럼 우리가 익히 알고 있는 대형 다세포 생명체는 모두 여기에 속해 있습니다. 이 역에는 플랑크톤과 같은 단순한 단세포 유기체도 수없이 많이 포함되어 있습니다.

진핵생물은 동물계, 식물계, 균계, 원생생물계로 나뉩니다. 모두 합하면 진핵생물은 전 세계 생물량의 85% 이상을 차지합니다.

원생생물

대부분의 원생생물은 단순한 단세포 진핵생물입니다. 아메바, 규조류, 점균과 같은 유기체가 여기에 속합니다. 원생생물은 크기와 형태가 다양합니다. 일정하게 생긴 생물도 있고, 불규칙하게 생긴 생물도 있습니다. 일부는 몸을 덮고 있는 작은 털 같은 섬모를 움직여 이동합니다. 어떤 것은 편모라는 채찍 같은 꼬리가 있습니다. 원생생물은 동물이나 균류, 식물보다 형태와 기능이 다양합니다.

원생생물은 여러 가지 방식으로 영양분을 얻습니다. 일부는 **독립영양체**입니다. 주변 환경에서 구할 수 있는 간단한 물질을 이용해 스스로 먹이를 만든다는 뜻입니다. 일부는 빛을

에너지원으로 사용하고(광합성), 일부는 무기물을 이용합니다(화학 합성). 어떤 것은 **종속영양체**입니다. 스스로 먹이를 만들지 못하고 유기물을 흡수해 에너지를 얻습니다. 일부는 둘 다 합니다. 이런 생물을 **혼합영양생물**이라고 합니다.

어떤 원생생물은 **기생충**입니다. 다른 유기체에 붙어서 살며 피해를 끼친다는 뜻입니다. 기생충이 일으키는 병에 걸리지 않는 제삼자가 기생충을 숙주에게 옮기는 일도 흔히 일어납니다. 이런 유기체를 **매개체**라고 합니다. 예를 들어, 모기는 말라리아의 매개체입니다. 모기는 피를 빨며 말라리아를 일으키는 **원충**을 퍼뜨립니다.

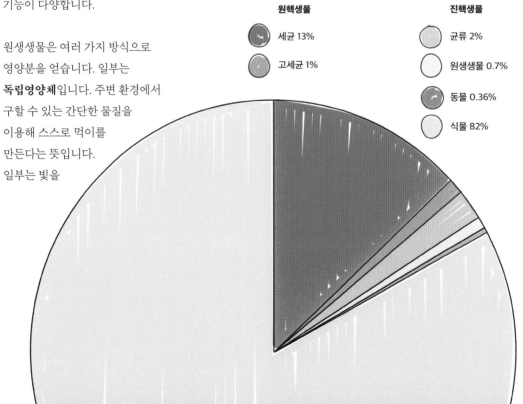

지구의 생물량

원핵생물
- 세균 13%
- 고세균 1%

진핵생물
- 균류 2%
- 원생생물 0.7%
- 동물 0.36%
- 식물 82%

원생생물 자세히 살펴보기: 점균

점균은 원생생물입니다. 점균의 종은 900가지가 넘으며, 숲의 바닥이나 썩어가는 통나무, 빗물받이에 쌓이는
풀 속에서 흔히 찾을 수 있습니다. 점균은 생태계에서 중요한 역할을 합니다. 죽은 식물을 분해하는 일을 돕고,
세균과 효모, 균류를 잡아먹기 때문입니다.

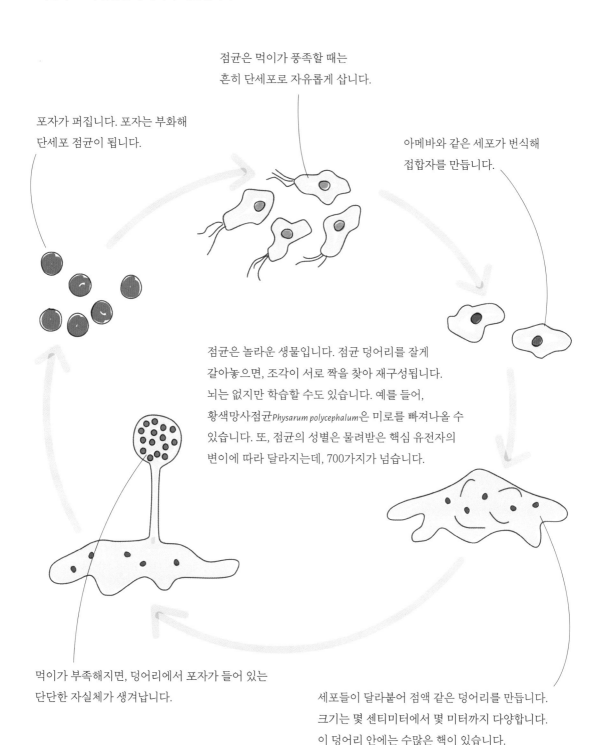

점균은 먹이가 풍족할 때는
흔히 단세포로 자유롭게 삽니다.

포자가 퍼집니다. 포자는 부화해
단세포 점균이 됩니다.

아메바와 같은 세포가 번식해
접합자를 만듭니다.

점균은 놀라운 생물입니다. 점균 덩어리를 잘게
갈아놓으면, 조각이 서로 짝을 찾아 재구성됩니다.
뇌는 없지만 학습할 수도 있습니다. 예를 들어,
황색망사점균*Physarum polycephalum*은 미로를 빠져나올 수
있습니다. 또, 점균의 성별은 물려받은 핵심 유전자의
변이에 따라 달라지는데, 700가지가 넘습니다.

먹이가 부족해지면, 덩어리에서 포자가 들어 있는
단단한 자실체가 생겨납니다.

세포들이 달라붙어 점액 같은 덩어리를 만듭니다.
크기는 몇 센티미터에서 몇 미터까지 다양합니다.
이 덩어리 안에는 수많은 핵이 있습니다.
이 덩어리는 미생물을 포착해 먹어치웁니다.

균류

균류는 진핵생물역의 네 가지 계 중 하나인 균계의 생물입니다. 효모와 버섯, 곰팡이가 모두 균류이지요. 균류는 식물처럼 스스로 에너지를 만들 수 없어 동물 같은 종속영양체처럼 먹이를 먹어야 합니다. 하지만 균류는 **종속영양 분해자**입니다. 분해된 물질을 흡수해 영양분을 섭취하지요.

균류의 세포벽에는 질소가 들어 있는 튼튼한 다당류인 키틴이 있습니다.

균류의 액포는 작은 분자를 저장하고 세포 안의 물 농도 조절을 돕습니다.

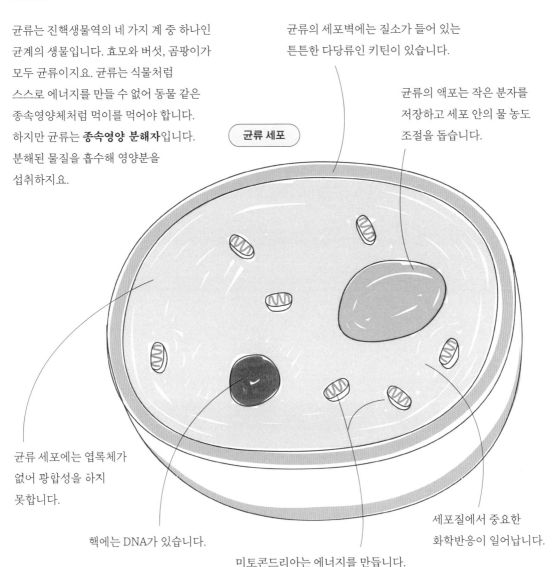

균류 세포

균류 세포에는 엽록체가 없어 광합성을 하지 못합니다.

핵에는 DNA가 있습니다.

미토콘드리아는 에너지를 만듭니다.

세포질에서 중요한 화학반응이 일어납니다.

균류는 세계적으로 풍부합니다. 일부는 효모와 같은 단세포생물이고, 우리에게 익숙한 버섯 같은 다세포생물도 있습니다. 일부 균류는 사탕무에 흰가루병을 일으키는 곰팡이처럼 다른 생물이 기생합니다. 어떤 균류는 동식물 같은 다른 생물과 서로 이익을 주고받는 **공생** 관계를 이루어 살아갑니다.

균류는 생태적으로 중요합니다. 죽은 유기물을 분해하는 주요 분해자로, 영양분이 환경 속에서 순환하게 돕습니다.

균류는 식재료로 널리 쓰입니다. 어떤 균류는 그대로 먹을 수 있습니다. 어떤 균류는 빵을 부풀어 오르게 하고, 어떤 균류는 와인과 맥주 같은 발효 식품을 만드는 데 쓰입니다. 균류에서 유래한 몇몇 효소는 세제에 쓰이기도 합니다. 또, 어떤 균류는 잡초와 해충, 식물의 질병을 치료하는 농약으로도 쓰입니다.

어떤 균류는 질병을 일으킵니다. 예를 들어, 마름병은 감자가 걸리는 질병입니다. 균류에 감염되면, 잎이 갈색으로 변합니다. 그러면 감자는 광합성을 하지 못해 자라지 못합니다. 무좀은 사람이 걸리는 질병인데, 발가락 사이에 발진이 일어나고 피부가 갈라지며 벗겨집니다. 감염된 피부에 접촉하면 전염될 수 있습니다. 이런 병은 항진균제로 치료할 수 있습니다.

균류의 지하 생활

버섯의 자실체에는 가느다란 실 같은 **균사**가 있습니다.

균류는 움직이지 못하므로 포자를 만들어 퍼뜨립니다. 포자는 싹을 틔워 새로운 균류를 만듭니다. 어떤 균류는 유성생식을 하기도 합니다.

균사가 땅 속으로 뻗어나가 서로 엉켜 덩어리를 만듭니다. 지하에 있는 이런 그물망 같은 구조를 **균사체**라고 합니다.

땅 속의 균사체가 자라며 영양분을 흡수합니다.

균류가 나무의 뿌리와 긴밀한 협력 관계를 이루고 있을 때 이것을 균근이라고 합니다. 균류는 나무에 물과 영양분을 제공하고, 나무는 균류에게 성장에 필요한 당을 제공합니다. 공생 관계의 사례지요.

균근은 때때로 여러 나무를 한데 엮기도 합니다. 이런 **균근 네트워크**를 '우드 와이드 웹'이라고 부르기도 합니다. 과학자들은 일부 식물이 우드 와이드 웹을 이용해 다른 나무와 의사소통한다고 생각합니다. 예를 들어, 한 나무가 곤충의 공격을 받으면 우드 와이드 웹을 통해 곤충을 격퇴하는 화학물질의 농도를 높이라는 신호를 주변 나무들에게 보낼 수 있습니다. 우드 와이드 웹을 이용해 당을 주고받을 수도 있습니다. 어느 한 나무의 영양분을 다른 나무의 세포가 사용할 수 있는 것이지요.

식물

식물계에는 약 32만 종의 식물이 있습니다. 침엽수, 양치식물, 붕어마름, 우산이끼, 이끼, 꽃을 피우는 속씨식물 등이 여기에 속합니다. 식물은 무성생식과 유성생식을 합니다. 모두 합하면 식물은 전 세계 생물량의 4분의 3 이상을 차지합니다. 지구 생태계 대부분의 근간을 이루고 있지요.

녹색식물은 태양 빛으로 광합성을 하여 에너지를 만듭니다. 그 과정에서 탄소를 저장하고 산소를 내뿜습니다. 우리가 숨 쉬는 산소의 대부분은 식물이 만든 것입니다. 식물은 식재료로 널리 쓰입니다. 밀, 보리, 콩은 수천 년 전인 문명 초기에 길들인 식물입니다.

많은 동물은 식물과 함께 진화했습니다. 예를 들어, 수많은 곤충은 꽃의 수분을 도우며 꽃가루나 꿀을 얻습니다. 많은 동물은 씨앗을 먹은 뒤 똥으로 널리 퍼뜨려 줍니다. 어떤 식물은 육식을 하기도 합니다.

식물 자세히 살펴보기: 파리지옥풀

파리지옥풀은 광합성으로 에너지를 만들지만, 독특한 잎을 이용해 유기체를 잡아먹기도 합니다.

10초 안에 털을 두 번 건드리면 덮이 닫힙니다. 먹이가 발버둥 치면서 털을 세 번 이상 건드리면 소화 효소를 분비하기 시작합니다. 이건 파리지옥풀이 수를 셀 수 있다는 뜻입니다. 시간과 건드리는 횟수를 어림할 수 있는 것입니다.

특수한 털이 곤충과 질지류의 움직임을 포착합니다.

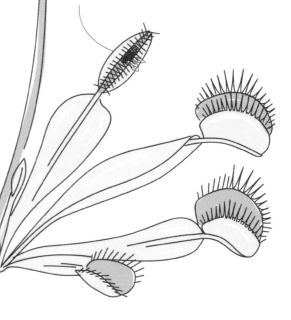

침엽수나 소철류 같은
겉씨식물의 씨는 밖으로 드러나
있습니다. 솔방울처럼 잎 같은
구조 겉에 드러나 있지요.

배아 뿌리

배아 잎

씨앗의 보호막

영양분

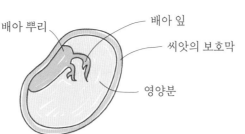

씨앗의 해부도

겉씨식물

속씨식물

속씨식물(꽃을 피우는
식물)의 씨앗은 꽃 속의
특별한 구조 안에서
발달합니다.

종자식물은 씨앗을 만듭니다.
씨앗은 식물의 배아입니다.

종자식물

있습니다. 그런 식물은
바람에 포자를 퍼뜨립니다.
해바라기나 목련 같은

**씨앗이 없는 식물
(양치식물 등)**

비관다발식물에는 관다발
조직이 없습니다. 이들은 보통
작고, 씨앗이 아닌 포자를 이용해
번식합니다. 비관다발식물은
꽃을 피우거나 열매를 맺지
않으며, 나무가 아닙니다.

이끼

우산이끼

붕어마름

비관다발식물

관다발

양치식물과 나무 같은
관다발식물에는 **관다발 조직**이
있습니다. 관다발 조직은 세포가
서로 뭉쳐서 만든 관과 같은
구조입니다. 식물 속에서 이 관을
통해 물과 영양분이 움직입니다.
그래서 관다발식물은
비관다발식물보다 훨씬 더 크게
자랄 수 있습니다. 약 4억 2500만
년 전에 처음 진화했으며, 오늘날
식물계를 지배하고 있습니다.
씨앗을 만들지 않는 식물도

약 4억 년 전부터 식물은 땅에서 살도록
진화하기 시작했습니다. 그 뒤로 몇 가지
주요 집단으로 나뉘었습니다.

광합성을 하는 녹색식물은 적어도 10억 년
전부터 진화했습니다. 이런 단순한 조류
형태의 식물은 분화된 세포와 뿌리 같은
구조를 갖고 있었습니다.

고대 녹조류

동물

과학자들에 따르면 동물은 약 150만 종이 있고, 그중에서 약 100만 종은 곤충입니다. 동물은 미생물에서 대형 동물에 이르기까지 크기가 다양합니다. 동물은 서로 서로 환경과 복잡한 관계를 맺고 있지요.

동물은 다세포 진핵생물입니다. 신경세포와 근육세포를 비롯해 엄청나게 다양한 분화 세포를 갖고 있어 전기 신호를 보내거나 움직이는 등 복잡한 기능을 수행할 수 있습니다.

대부분의 동물은 유기물을 섭취하고, 산소를 호흡하고, 이동하며, 유성생식을 하고, **포배**라고 하는 속이 빈 공 모양의 세포에서 발달합니다.

균류와 마찬가지로 동물은 종속영양체입니다. 스스로 에너지를 만들 수 없어 외부에서 얻어야 합니다. 먹이를 흡수하는 균류와 달리 동물은 다른 유기체를 먹이로 삼아 잡아먹고 소화시킵니다.

동물계는 매우 넓지만, 동물의 몸 형태에는 몇 가지 공통점이 있습니다.

동물의 대칭

어떤 동물은 대칭을 이룹니다.

방사대칭

좌우대칭

어떤 동물은 비대칭입니다.

모든 달팽이는 **비대칭**입니다. 예를 들어, 정원달팽이의 등껍데기는 나선 모양입니다. 해면처럼 움직이지 않는 동물도 비대칭입니다.

불가사리나 성게와 같은 몇몇 해양 동물은 **방사대칭**을 이룹니다. 중심축 기준으로 대칭이지요. 대부분의 동물은 좌우대칭입니다. 바닷가재처럼 반으로 나누면 양쪽이 똑같이 생겼다는 뜻입니다.

동물의 분류

동물은 매우 다양한 유기체 집단이지만, 두 종류로 깔끔하게 나뉩니다. 등뼈가 있는 **척추동물**과 등뼈가 없는 **무척추동물**입니다.

척추동물

개와 개구리, 물고기처럼 우리에게 익숙한 많은 동물은 척추동물입니다. 척추동물에는 약 7만 종이 있지만, 모든 동물 종의 5%도 되지 않습니다.

모든 척추동물에는 몸을 관통하는 뻣뻣한 척수가 있습니다. 한쪽 끝에는 입이 있고, 반대쪽 끝에는 항문이 있습니다.

모든 척추동물은 척삭동물문에 속합니다. 척삭동물은 양서류와 조류, 어류, 포유류, 파충류 다섯 종류로 다시 나뉩니다.

양서류

- 축축한 투과성 피부로 호흡합니다.
- 젤리 같은 알을 낳으며, 물고기 같은 유생이 부화합니다. 예를 들면, 개구리 알이 부화하면 올챙이가 됩니다.
- 몸을 보호하기 위해 독을 분비하기도 합니다.
- 물과 땅 위에서 삽니다.
- **냉혈동물**: 체온이 주변 환경에 따라 달라집니다.

조류

- 보온과 방수, 비행에 필요한 깃털이 있습니다.
- 날개를 이용해 하늘을 납니다.
- 부리로 먹이를 먹고, 몸을 단장하고, 먹이를 찾습니다.
- 단단한 알을 낳으며, 거의 언제나 부모가 돌봅니다.
- **온혈동물**: 체온을 일정하게 유지합니다.

어류

- 아가미로 호흡합니다.
- 몸을 보호하기 위한 비늘이 있고, 몸이 유선형입니다.
- 공기로 찬 부레가 있어 부력을 제공합니다.
- 여러 개의 지느러미를 이용해 움직입니다.
- 물속에 삽니다.
- 냉혈동물

포유류

- 보온과 위장을 위한 털이 있습니다.
- 환경에 맞는 이빨이 있습니다.
- 대부분의 포유류는 새끼를 낳습니다.
- 새끼는 엄마의 젖을 먹고 삽니다.
- 온혈동물

파충류

- 폐로 호흡합니다.
- 피부는 방수가 되며, 자라면서 허물을 벗습니다.
- 고무 같은 껍데기의 알에서는 어른과 모습이 똑같은 새끼가 태어납니다.
- 물 또는 땅에서 삽니다.
- 냉혈동물

무척추동물

지구에 사는 동물의 대부분은 무척추동물입니다. 무척추동물은 대단히 성공적으로 다양하게 진화했습니다. 약 4억 년 전에 지구에 등장해 바다에서 땅과 하늘까지 거의 모든 서식지에서 찾아볼 수 있게 진화했습니다.

무척추동물은 몸 안쪽이 부드럽고 겉은 유연한 세포층 또는 **외골격**이라고 하는 단단한 껍데기로 덮여 있습니다. 어느 정도 우리에게도 익숙한 무척추동물에는 30개 이상의 문이 있습니다. 환형동물, 절지동물, 자포동물, 극피동물, 연체동물 등이 여기에 속합니다.

몇몇 무척추동물문

환형동물
예 지렁이와 거머리
- 몸은 길고 체절이 나뉘어 있습니다.
- 작은 털이 있어 움직임을 돕습니다.
- 물이나 땅에서 삽니다.

절지동물
예 나비와 거미
- 단단한 외골격이 있습니다.
- 관절이 있는 여러 쌍의 다리가 있습니다.
- 물이나 땅에서 삽니다.

자포동물
예 해파리와 산호
- 주머니 같은 단순한 형태입니다.
- 몸속에 빈 공간이 하나 있습니다.
- 먹이를 잡기 위한 독침이 있습니다.
- 물속에 삽니다.

극피동물
예 불가사리
- 성체가 되면 방사대칭을 이룹니다.
- 단단하고 뾰족뾰족한 피부로 덮여 있습니다.
- 물속에 삽니다.

연체동물
예 달팽이나 문어와 오징어 같은 두족류
- 몸에 체절이 없습니다.
- 근육질의 다리(또는 촉수)가 있습니다.
- 이빨이 붙은 혀인 치설이 있습니다.
- 물이나 땅에 삽니다.

무척추동물의 특징

많은 무척추동물은 자라면서 허물을 벗습니다. 이 시기에는 천적의 공격에 특히 더 취약해지지요.

곤충과 갑각류 같은 많은 무척추동물은 알에서 태어날 때 성체와 모습이 다른 애벌레 상태입니다. 애벌레는 성체와 다른 환경에서 살기도 합니다. 예를 들어 잠자리 애벌레는 물속에서 살지만 성체는 땅 위에서 삽니다. 애벌레가 성체의 모습으로 변하는 과정을 **변태**라고 합니다.

절지동물

절지동물문은 거대한 집단입니다. 절지동물은 여러 개의 강으로 나뉩니다. 곤충, 거미, 갑각류, 다족류 등이 여기에 속합니다.

대부분의 절지동물은 비교적 작지만, 키다리게는 거대합니다. 절지동물 중에서 폭이 가장 크지요. 100년 전에 잡힌 표본 하나는 코커스패니얼 품종의 개보다 무거웠고, 다리를 벌린 길이가 웬만한 차보다 길었습니다.

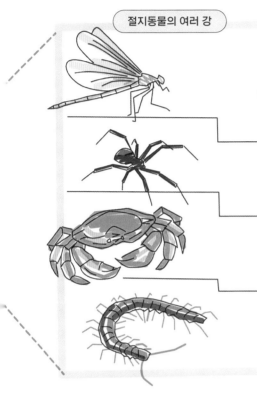

절지동물의 여러 강

곤충
예 잠자리와 나비

• 몸은 세 부분으로 나뉘어 있습니다.
• 관절이 있는 다리가 여섯 개 있습니다.
• 흔히 두 쌍의 날개가 있습니다.
• 더듬이 한 쌍이 있습니다.

거미
예 거미와 전갈

• 몸은 두 부분으로 나뉘어 있습니다.
• 관절이 있는 다리가 여덟 개 있습니다.
• 더듬이가 없습니다.

갑각류
예 게와 쥐며느리

• 매우 단단한 외골격이 있습니다.
• 관절이 있는 다리가 열 개 있습니다.
• 입은 세 부분으로 이루어져 있습니다.

다족류
예 지네와 노래기

• 몸이 길고 여러 체절로 나뉘어 있습니다.
• 체절 하나에 한 쌍의 다리가 있습니다.
• 더듬이 한 쌍이 있습니다.

무척추동물의 먹이는 식물, 곤충, 갑각류 등으로 다양합니다. 그래서 입의 형태도 매우 다양합니다. 예를 들어 문어는 뾰족한 주둥이가 있고, 거미는 엄니가 있으며, 딱정벌레는 자를 수 있는 턱이 있습니다.

진딧물과 같은 일부 무척추동물은 유성생식과 무성생식을 둘 다 합니다. 예를 들어, 꿀벌 여왕은 군집 전체를 낳을 수 있습니다. 수정된 알은 암컷 일벌이 되고, 수정되지 않은 알은 수벌이 됩니다.

바이러스

바이러스는 생물을 감염시켜 질병을 일으키는 작은 입자입니다. 모든 생물이 세포로 이루어진 것과 달리 바이러스는 세포로 이루어져 있지 않기 때문에 생물의 분류에 들어맞지 않습니다. 바이러스는 유전 물질이 단백질 껍질에 싸인 덩어리입니다. 바이러스가 중요한 건 동식물과 세균을 비롯해 모든 생물을 감염시킬 수 있기 때문입니다.

생명체는 번식을 합니다. 하지만 바이러스는 스스로 번식하지 못합니다. 그 대신 세포에 침입해 내부의 기관을 이용합니다. 그러면 세포 안에서 새로운 바이러스가 생겨 밖으로 빠져나옵니다. 바이러스는 지구 어디서나 찾을 수 있는 미생물입니다. 바이러스는 으레 일정한 형태를 갖습니다. 크기는 매우 작아서 대부분은 세균의 약 100분의 1 크기입니다.

바이러스의 복제

바이러스 표면의 당단백질 스파이크가 세포 표면의 단백질과 달라붙으면서 감염이 일어납니다.

바이러스가 세포 안으로 들어갑니다.

유전물질은 DNA 또는 RNA입니다.

세포

바이러스의 껍질을 이루는 단백질을 **캡시드**라고 합니다. 캡시드는 유전물질을 보호합니다.

핵

어떤 바이러스는 보호막에 둘러싸여 있습니다.

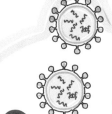

바이러스가 목표한 세포에 달라붙습니다.

새로운 바이러스 입자가 더 많은 세포를 감염시킵니다.

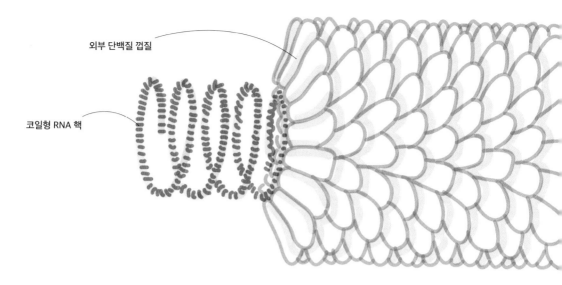

외부 단백질 껍질

코일형 RNA 핵

바이러스의 특징

바이러스는 대부분 **병원성**입니다. 병을 일으킨다는 뜻입니다. 바이러스성 질병의 위험성은 제각기 다릅니다. 예를 들어, 코로나바이러스는 다양한 바이러스를 통칭하는 말입니다. 코로나바이러스가 일으키는 병은 단순 감기에서 중증급성호흡기증후군(SARS)과 코로나-19에 이르기까지 다양합니다.

어떤 바이러스는 **인수공통감염** 바이러스입니다. 때때로 동물에서 사람에게 퍼질 수 있다는 뜻입니다. 2020년에 시작된 코로나-19 대유행도 코로나바이러스가 박쥐에서 다른 종(아마도 천산갑)으로 '뛰어넘은' 뒤 다시 사람을 감염시켰을 것으로 추측하고 있습니다.

바이러스는 생물을 감염시킬 수 있도록 구조적으로 적응했습니다. 예를 들어, 코로나바이러스는 사람의 세포에 있는 핵심 단백질과 상호작용할 수 있는 작은 스파이크로 덮여 있습니다. 덕분에 세포에 달라붙어 안으로 들어갈 수 있지요.

식물도 바이러스에 감염됩니다. 담배모자이크바이러스는 담배와 토마토를 비롯해 여러 식물을 감염시킵니다. 감염되면 잎의 색이 변하고 얼룩덜룩한 '모자이크' 무늬가 나타납니다. 그러면 광합성이 어려워져 식물의 성장이 방해를 받습니다.

생물과 마찬가지로 바이러스도 진화합니다. 숙주 세포가 바이러스의 유전 정보를 복제할 때 실수를 저질러 돌연변이를 일으킵니다. 어떨 때는 돌연변이가 아무런 영향을 끼치지 않습니다. 어떤 때는 바이러스의 감염성이 떨어집니다. 하지만 어떨 때는 더욱 위험한 바이러스가 됩니다. 예를 들어, 바이러스의 감염성이 커지거나 종을 뛰어넘어 다른 종을 감염시킬 수 있게 되기도 합니다.

바이러스가 분해됩니다. 바이러스의 유전물질이 세포핵으로 이동해 복제됩니다.

세포가 새로운 바이러스 입자를 만듭니다. 세포가 터지면서 새로운 바이러스 입자가 밖으로 나옵니다. 세포가 손상되면서 몸이 아파옵니다.

칼 워즈가 제안했다.
생물을 세균과 고세균,
진핵생물로 나눈다.

3역 체계

생물을 여러 집단으로 나누는 학문.
생명을 이해하는 데 도움이 된다.

분류학

린네 분류 체계

분류

칼 린네가 제안했다.
생물을 계와 문, 강, 목, 과,
속, 종으로 나눈다.

생물의 분류

동식물과 기타 유기체에
질병을 일으킨다.

진화

바이러스는 시간이 흐르며 변한다.
살아 있는 세포에서 바이러스가
복제되며 돌연변이가 일어난다.

병원성

바이러스

인수공통감염

어떤 바이러스는 동물과 사람을
모두 감염시킨다.

생물도 무생물도 아님

분류할 수 없다. 살아 있는 유기체의
세포 안에서만 번식할 수 있다.

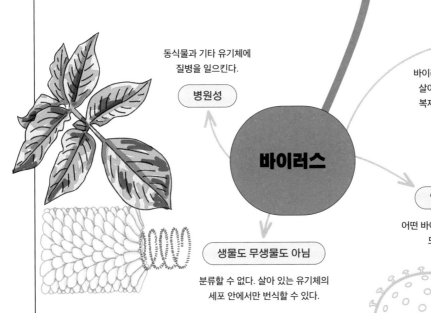

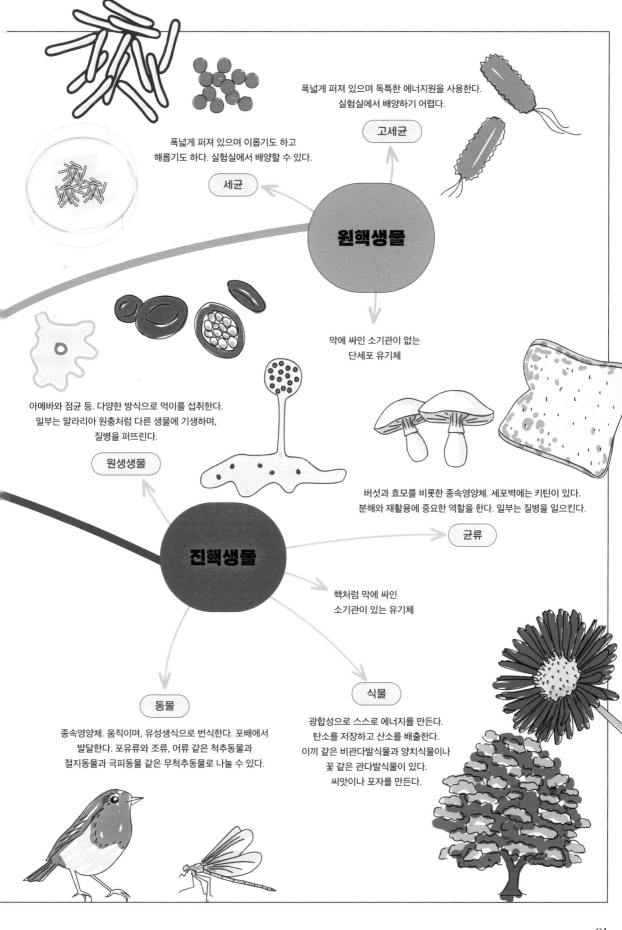

폭넓게 퍼져 있으며 독특한 에너지원을 사용한다.
실험실에서 배양하기 어렵다.

고세균

폭넓게 퍼져 있으며 이롭기도 하고
해롭기도 하다. 실험실에서 배양할 수 있다.

세균

원핵생물

막에 싸인 소기관이 없는
단세포 유기체

아메바와 점균 등. 다양한 방식으로 먹이를 섭취한다.
일부는 말라리아 원충처럼 다른 생물에 기생하며,
질병을 퍼뜨린다.

원생생물

진핵생물

버섯과 효모를 비롯한 종속영양체. 세포벽에는 키틴이 있다.
분해와 재활용에 중요한 역할을 한다. 일부는 질병을 일으킨다.

균류

핵처럼 막에 싸인
소기관이 있는 유기체

동물

종속영양체. 움직이며, 유성생식으로 번식한다. 포배에서
발달한다. 포유류와 조류, 어류 같은 척추동물과
절지동물과 극피동물 같은 무척추동물로 나눌 수 있다.

식물

광합성으로 스스로 에너지를 만든다.
탄소를 저장하고 산소를 배출한다.
이끼 같은 비관다발식물과 양치식물이나
꽃 같은 관다발식물이 있다.
씨앗이나 포자를 만든다.

6장

신진대사

생명체를 이루는 세포는 언제나 수천 가지의 중요한 화학반응을
수행하느라 바쁩니다. 신진대사는 유기체 안에서 일어나는
모든 화학반응을 일컫는 말입니다. 반응을 조절하는 건
효소라는 단백질입니다. 에너지 생산에 관여하는 대사처럼
많은 신진대사는 여러 집단이 공유하는 특성입니다. 반면
소수의 종만 가능한 신진대사도 있습니다. 예를 들어, 광합성은
녹색식물과 조류, 특정 세균만 갖는 기능입니다. 이 장에서는
생명을 유지하는 신진대사에 관해 알아보겠습니다.

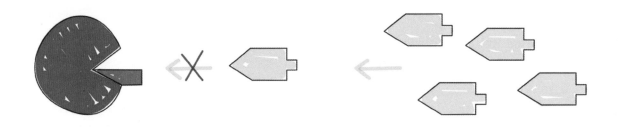

화학반응과 경로

세포는 바쁩니다. 기능을 계속 수행할 수 있으려면 끊임없이 여러 가지 화학반응이 일어나야 합니다.
흔히 각각의 화학반응은 서로 이어지며 좀 더 큰 반응을 형성합니다.

화학반응이 서로 이어지면 더욱 복잡한 화학반응의 경로가 생깁니다.
효소라고 부르는 단백질은 이런 경로의 여러 단계를 조절합니다.

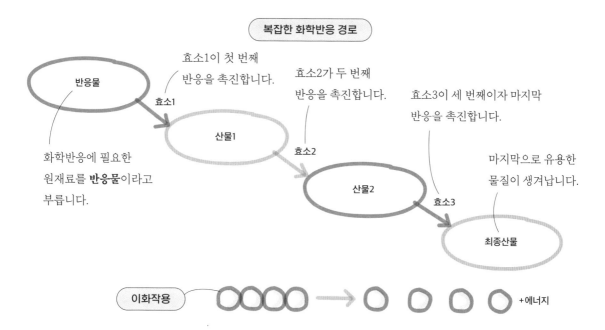

신진대사는 이화작용 또는 동화작용으로 이루어집니다. **이화작용**은 큰 분자를 작은 분자로 쪼갭니다.
그 과정에서 에너지가 생성됩니다. 호흡은 포도당을 분해하는 이화작용입니다. 여분의 단백질도
이화작용으로 분해될 수 있습니다. 그 산물인 요소는 오줌으로 나옵니다.

동화작용은 작은 분자로 큰 분자를 만듭니다. 이 과정은 에너지가 필요합니다. 광합성은 동화작용입니다.
포도당 분자가 모여서 녹말이나 셀룰로스 같은 탄수화물이 되는 것도 동화작용입니다.

동화작용은 **생합성**이라고도 합니다. 생물학적으로 유용한 분자를 만드는 데 도움이 되기 때문입니다.
예를 들어 세포는 포도당과 질소 이온을 결합해 아미노산을 만들고, 아미노산은 단백질을 만드는 데
쓰입니다. 단백질은 생물학적으로 유용한 물질입니다. 세포가 서로 소통하거나 세포 반응을 조절하는 등
중요한 역할을 합니다.

효소

효소는 생체 **촉매**입니다. 화학반응의 속도를 높이지만 반응 자체에 때문에 변하지 않는다는 뜻입니다.
효소는 수천 종류가 있습니다. 각각은 서로 다른 물질과 상호작용합니다. 효소는 복잡한 3차원 형태로 정교하게 접힌
단백질 분자입니다. 기질이라고 부르는 더 작은 분자가 결합할 수 있습니다.

자물쇠-열쇠 모형은 효소가 기질과 어떻게 상호작용해 화학반응을 일으키는지 보여줍니다.

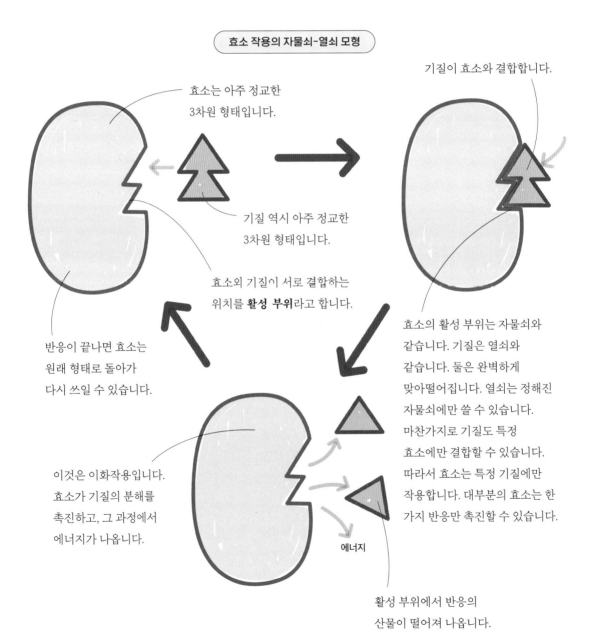

효소 작용의 자물쇠-열쇠 모형

효소는 아주 정교한
3차원 형태입니다.

기질이 효소와 결합합니다.

기질 역시 아주 정교한
3차원 형태입니다.

효소와 기질이 서로 결합하는
위치를 **활성 부위**라고 합니다.

반응이 끝나면 효소는
원래 형태로 돌아가
다시 쓰일 수 있습니다.

효소의 활성 부위는 자물쇠와
같습니다. 기질은 열쇠와
같습니다. 둘은 완벽하게
맞아떨어집니다. 열쇠는 정해진
자물쇠에만 쓸 수 있습니다.
마찬가지로 기질도 특정
효소에만 결합할 수 있습니다.
따라서 효소는 특정 기질에만
작용합니다. 대부분의 효소는 한
가지 반응만 촉진할 수 있습니다.

이것은 이화작용입니다.
효소가 기질의 분해를
촉진하고, 그 과정에서
에너지가 나옵니다.

에너

활성 부위에서 반응의
산물이 떨어져 나옵니다.

신진대사 속도에 영향을 끼치는 요인

대사 반응이 언제나 똑같은 속도로 이루어지는 건 아닙니다. 여러 가지 요인으로 속도가 달라질 수 있습니다. 기질의 농도도 그중 하나입니다.

기질 분자의 수가 많을수록 자물쇠에 들어맞는 열쇠의 수가 늘어납니다. 그러면 반응 속도가 빨라지지만, 한계가 있습니다.

활성 부위가 모두 차고 나면 더 이상 열쇠가 들어갈 자물쇠가 없습니다. 이럴 때 효소가 **포화**되었다고 말합니다. 이때는 효소에 기질을 더 넣어도 반응 속도에 변화가 생기지 않습니다.

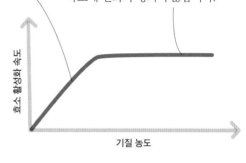

기질 농도의 영향

효소 활성화 속도 / 기질 농도

온도도 대사 반응의 속도에 영향을 끼칩니다.

온도가 올라가면, 반응 속도가 올라갑니다.

반응에는 **최적 온도**가 있습니다. 반응 속도가 가장 빠른 온도입니다. 최적 온도 위에서는 반응 속도가 떨어집니다. 과도한 열이 활성 부위의 모양을 바꾸기 때문입니다. 그러면 기질이 활성 부위에 결합하지 못해 반응은 느려지거나 멈춥니다. 이때는 효소가 **변성**되었다고 말합니다.

온도의 영향

효소 활성화 속도 / 온도 (°C)

효소는 주변 환경의 **산성도**에도 영향을 받습니다. 산성도는 물질의 산성 또는 알칼리성을 나타내는 척도입니다. 효소마다 효과가 가장 뛰어난 특정 혹은 최적의 산성도가 있습니다. 이것은 효소가 작용하는 몸속 위치에 영향을 받습니다.

산성도의 영향

위장 속의 효소는 산성 환경에서 효과를 발휘합니다.

대부분의 사람 세포에 있는 효소는 중성인 7 정도의 산성도가 가장 적합합니다.

만약 산성도가 최적값에서 너무 멀어지면, 반응 속도가 떨어집니다. 활성 부위의 모양이 변해 기질이 결합하지 못하기 때문입니다. 이번에도 효소가 변성되었다고 합니다.

효소 활성화 속도

| 1 | 2 | 3 | 4 | 5 | 6 | 7 | 8 | 9 | 10 | 11 | 12 | 13 | 14 |

산성 / pH / 알칼리성

대사율

유기체의 대사량은 일정한 시간(보통 24시간) 동안 사용한 에너지의 양입니다. 대사량의 단위는 줄(J)과 칼로리(cal), 또는 킬로칼로리(kcal)입니다. 1킬로칼로리는 1000칼로리 또는 약 4200줄과 같습니다.

대사량은 활동에 따라 달라집니다. 쉬거나 자고 있을 때는 대사량이 낮습니다. 이것을 **기초대사량**이라고 합니다. 그동안 몸은 비교적 적은 에너지를 사용합니다. 심장과 폐, 뇌와 같은 중요한 기관이 적절하게 기능할 정도만 필요로 하지요.

대사량은 산소 소모량, 이산화탄소 배출량, 열 발생량 등을 통해 여러 가지 방법으로 측정할 수 있습니다.

열량계는 대사량을 측정하는 장비입니다. 실험실에서 쓰는 정밀한 열량계는 음식 속에 든 에너지의 양을 측정할 수 있습니다. 여기서 소개하는 것과 같은 간단한 열량계는 비교적 쉽게 만들 수 있습니다.

음식 속의 에너지(1J/g)
= 물의 질량(g) × 상승한 온도(℃)
× 4.2/음식의 질량(g)

음식 1g을 태우면 부피가 10cm³인 물을 15℃ 데울 수 있습니다.

부피가 10cm³인 물의 질량은 10g입니다.

음식의 에너지량
= 10 × 15 × 4.2/1 = 630J/g

대사량 측정하기

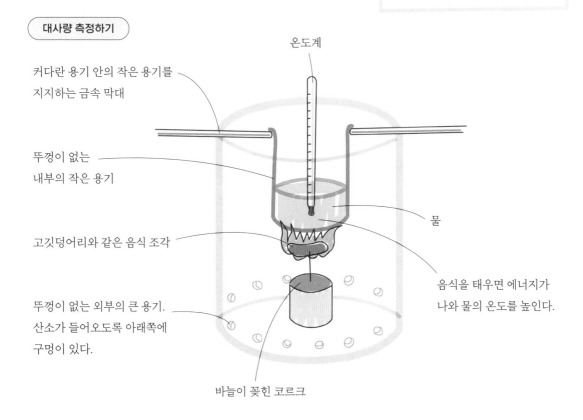

온도계

커다란 용기 안의 작은 용기를 지지하는 금속 막대

뚜껑이 없는 내부의 작은 용기

물

고깃덩어리와 같은 음식 조각

음식을 태우면 에너지가 나와 물의 온도를 높인다.

뚜껑이 없는 외부의 큰 용기. 산소가 들어오도록 아래쪽에 구멍이 있다.

바늘이 꽂힌 코르크

에너지 필요량

유기체의 종류와 각 개체에 따라 에너지 필요량과
대사량이 서로 다릅니다.

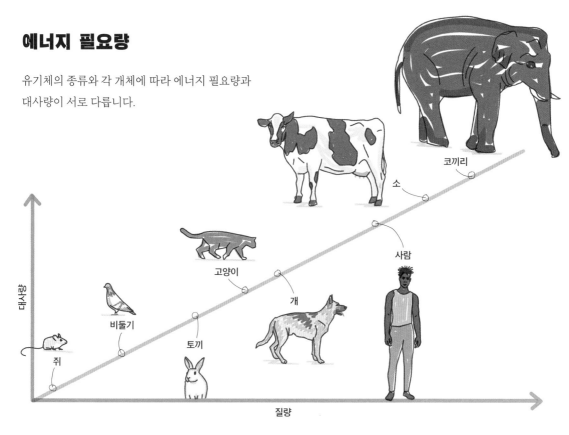

일반적으로 무거운 유기체가 가벼운 유기체보다 대사량이 큽니다. 예를 들어, 코끼리는 쥐보다 대사량이 큽니다.
큰 동물은 그만큼 에너지를 공급해야 할 세포가 많으므로 당연한 일입니다. 몸집은 대사량과 정비례한다고
말할 수 있습니다.

대사량이 큰 동물은 산소를 각 세포에 효율적으로 전달해야 합니다. 조류와 포유류는 파충류와 양서류보다,
파충류와 양서류는 어류보다 대사량이 큽니다. 이런 대사량의 차이는 해부학적 구조에도 반영되어 있습니다.

대사량을 반영한 해부학적 구조

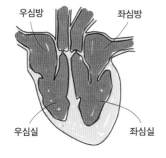

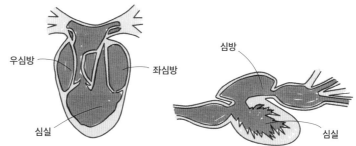

포유류와 조류의 심장은
2심방 2심실 구조이며, 복잡한
순환계가 산소가 풍부한 피와
부족한 피를 분리합니다.

양서류와 대부분의 파충류는
심장이 2심방 1심실 구조입니다.
산소가 풍부한 피와 부족한 피가
섞인다는 한계가 있습니다.

어류의 심장은 1심방 1심실
구조입니다. 산소가 부족한 피를
아가미로 보내 산소를 공급한 뒤
다시 몸 안으로 보냅니다.

신진대사 조절

억제제라고 하는 분자는 효소의 작용을 막아 신진대사에 영향을 끼칩니다. 제약사는 흔히 이런 분자를 이용해 신약을 개발합니다.

생명체는 천연 효소 억제제를 많이 갖고 있습니다. 그런데 사람이 만든 많은 약도 이와 같은 방식으로 작용합니다.

예를 들어, 항생제는 세균의 효소를 억제하는 방식으로 작용합니다. 페니실린은 세균이 세포벽을 만드는 데 사용하는 효소의 활성 부위를 차단해 세균을 죽입니다.

사린, 수은, 시안화물 같은 독 역시 효소 억제제입니다. 사린은 아세틸콜린에스테라아제라는 신경세포의 작용을 조절하는 효소의 활성 부위에 붙어서 차단합니다.

대부분의 효소 차단제는 해롭지 않습니다. 신진대사의 정상적인 작용으로, 몸 안의 세포가 매끄럽게 작용하도록 돕습니다. 몸 안의 많은 신진대사 경로는 유전자의 영향을 받습니다. 언제 어디서 특정 효소가 활성화될지를 결정하는 핵심 유전자가 있지요.

어떤 신진대사 경로는 특정 유기체에만 있습니다. 예를 들어, 남극이빨고기는 동결 방지 단백질을 만드는 신진대사 경로가 있습니다. 이 단백질은 남극이빨고기가 영하의 온도에서 생존할 수 있게 해줍니다.

많은 신진대사 경로는 보편적입니다. 예를 들어, 포도당을 분해해 에너지를 얻는 **해당작용**은 호흡의 일부입니다. 핏속의 당을 에너지로 비꾸는 복잡한 신진대사 경로의 첫 번째 단계지요. 10개의 효소가 촉매 작용을 하는 이 반응은 동물과 식물, 세균 모두에게 공통적입니다. 해당작용은 아주 오래전 이 모든 유기체의 공통 조상이 살 때 진화했기 때문입니다.

남극이빨고기

효소 억제제

다양한 억제제는 여러 가지 방식으로 작용합니다. 억제제가 효소의 활성 부위에 붙어 기질이 달라붙지 못하게 방해하는 것을 **경쟁적 억제**라고 합니다.

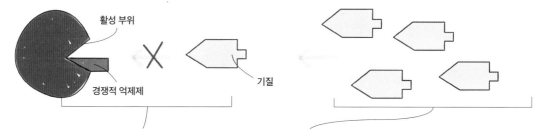

경쟁적 억제제는 효소의 원래 기질과 3차원 구조가 비슷하기 때문에 작용할 수 있습니다.

기질의 양을 늘려 활성 부위를 넘쳐나게 하거나 자물쇠에 열쇠인 기질 분자를 대량으로 들이미는 방식으로 경쟁적 억제제를 막을 수 있습니다. 억제제의 농도가 낮아져 효과를 잘 발휘하지 못하게 됩니다.

억제제가 효소의 활성 부위가 아닌 곳에 결합하는 것을 **비경쟁적 억제**라고 합니다.

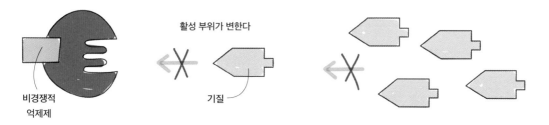

비경쟁적 억제제가 효소와 결합하면 활성 부위의 모양을 바꿉니다. 따라서 기질이 결합하지 못합니다. 그 결과 반응이 느려집니다.

경쟁적 억제와 달리 비경쟁적 억제는 기질의 농도를 높여도 막을 수 없습니다.

대사 경로의 최종 산물이 그 경로의 맨 앞에 있는 효소와 결합하는 것을 **되먹임 억제**라고 합니다. 그러면 경로가 닫혀 버립니다.

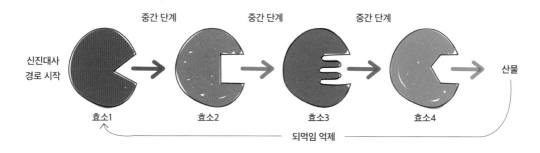

되먹임 억제는 한 가지 사건이 전체의 기능을 떨어뜨리는 **음성 되먹임**의 일종입니다. 이것은 **항상성**의 한 사례지요. 항상성은 생물이 생존에 최적인 환경을 유지하기 위해 자기 자신을 조절하는 과정을 말합니다.

되먹임 억제는 막을 수 있습니다. 억제제 분자의 농도가 떨어지면, 효소가 다시 활성화되고 다시 촉매 반응이 일어나기 시작합니다.

호흡

호흡은 중요한 신진대사 경로입니다. 다양한 단계와 다양한 효소로 이루어져 있으며, 모든 생물의 세포 안에서 일어납니다.
호흡이 중요한 건 먹이에서 에너지를 얻고, 성장과 복구, 움직임 같은 중요한 과정에 필요한 연료를 유기체에 제공하기 때문입니다.

호기성 호흡

호기성 호흡은 산소를 이용합니다. 산소로 호흡하면 포도당이 산소와 반응해 이산화탄소와 물, 에너지를 만듭니다.

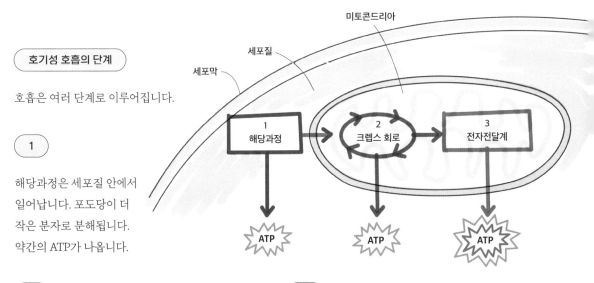

포도당	+	산소	→	이산화탄소	+	물	+	에너지
$C_6H_{12}O_6$		$6O_2$		$6CO_2$		$6H_2O$		

반응물 · 산물

호기성 호흡의 재료는 환경 속에 있습니다. 산소는 우리가 숨 쉬는 공기에 있고, 포도당은 먹는 음식에 있습니다.

이산화탄소는 숨을 내쉴 때 밖으로 빠져나갑니다. 물은 세포가 사용합니다. 에너지는 아데노신3인산(ATP)라는 분자의 형태로 만들어집니다.

대부분의 에너지는 세포가 사용하지만, 일부는 외부로 다시 빠져나갑니다. 에너지를 외부로 내보내는 반응이 **발열**입니다.

호기성 호흡의 단계

호흡은 여러 단계로 이루어집니다.

1

해당과정은 세포질 안에서 일어납니다. 포도당이 더 작은 분자로 분해됩니다. 약간의 ATP가 나옵니다.

미토콘드리아 · 세포질 · 세포막

1 해당과정 → 2 크렙스 회로 → 3 전자전달계

ATP · ATP · ATP

2

해당과정의 산물이 크렙스 회로라고 하는 두 번째 단계의 연료가 됩니다. 이 과정은 미토콘드리아 내부에서 일어납니다. 약간의 ATP가 나옵니다.

3

크렙스 회로의 산물이 전자전달계라고 하는 세 번째 단계의 연료가 됩니다. 이 과정은 미토콘드리아 내부에서 일어나며, 다량의 ATP가 나옵니다.

혐기성 호흡

혐기성 호흡은 산소를 이용하지 않습니다. 혐기성 호흡을 하면 포도당이 분해되어 에너지를 포함한 다양한 산물을 내놓습니다.

대부분의 생물은 산소로 호흡합니다. 하지만 일부 유기체는 산소가 부족할 때 혐기성 호흡을 시작합니다. 예를 들어, 우리 근육은 산소가 부족하면 혐기성 호흡을 합니다.

동물의 경우 포도당이 분해되며 젖산과 에너지가 생깁니다.

식물도 혐기성 호흡을 합니다. 이때는 포도당이 분해되며 에탄올과 이산화탄소, 에너지가 나옵니다.

미생물 역시 혐기성 호흡을 합니다. 일부는 젖산을 만들고, 어떤 것은 에탄올과 이산화탄소를 만듭니다. 미생물의 혐기성 호흡을 **발효**라고 부릅니다.

발효는 산업 분야에서 중요한 역할을 합니다. 예를 들어, 효모는 맥주를 만드는 데 쓰입니다. 효모가 혐기성 호흡을 할 때 만드는 에탄올은 맥주가 술이 되게 해주며, 이산화탄소는 거품을 만들어줍니다.

효모는 빵을 만드는 데도 쓰입니다. 혐기성 호흡의 연료는 반죽 속의 설탕입니다. 호흡의 결과로 생기는 이산화탄소는 빵이 부풀어 오르게 합니다. 알코올도 만들어지지만, 빵을 굽는 과정에서 증발해 날아갑니다.

혐기성 호흡에는 크게 두 가지 단점이 있습니다.

근육에 젖산이 쌓여 통증과 피로를 유발합니다. 여분의 젖산은 간에서 분해되는데, 이 과정에는 산소가 필요합니다. 젖산을 분해하는 데 필요한 산소의 양을 **산소 빚**이라고 합니다. 이게 운동이 끝난 뒤 사람이 숨을 헐떡이는 이유입니다. 몸이 산소 빚을 갚는 방법이지요.

2

포도당이 완전히 분해되지 않습니다. 그래서 혐기성 호흡은 호기성 호흡보다 비효율적입니다. 같은 양의 포도당을 사용해도 에너지 생산량이 낮습니다.

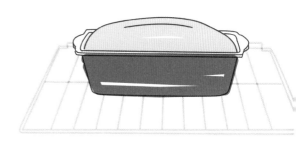

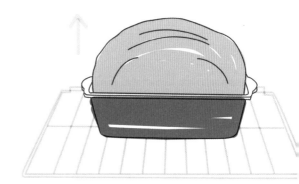

광합성

광합성 역시 중요한 신진대사 경로입니다. 식물이 에너지를 만드는 과정이지요. 부산물로 산소도 생겨납니다. 식물은 광합성을 하기 위해 여러 가지 특수한 기능이 발달했습니다.

광합성의 원리

반응물: 광합성의 재료는 모두 환경에 있습니다.

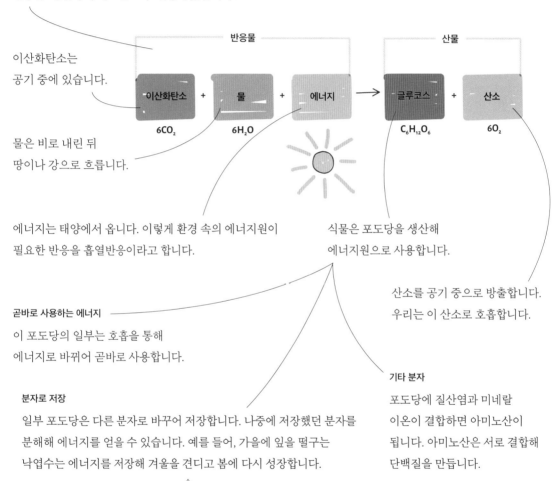

이산화탄소는 공기 중에 있습니다.

물은 비로 내린 뒤 땅이나 강으로 흐릅니다.

에너지는 태양에서 옵니다. 이렇게 환경 속의 에너지원이 필요한 반응을 흡열반응이라고 합니다.

식물은 포도당을 생산해 에너지원으로 사용합니다.

산소를 공기 중으로 방출합니다. 우리는 이 산소로 호흡합니다.

곧바로 사용하는 에너지

이 포도당의 일부는 호흡을 통해 에너지로 바뀌어 곧바로 사용합니다.

기타 분자

포도당에 질산염과 미네랄 이온이 결합하면 아미노산이 됩니다. 아미노산은 서로 결합해 단백질을 만듭니다.

분자로 저장

일부 포도당은 다른 분자로 바꾸어 저장합니다. 나중에 저장했던 분자를 분해해 에너지를 얻을 수 있습니다. 예를 들어, 가을에 잎을 떨구는 낙엽수는 에너지를 저장해 겨울을 견디고 봄에 다시 성장합니다.

셀룰로스

세포벽에서 찾을 수 있는 물질로 식물을 단단하게 만듭니다.

녹말

잎 또는 지하의 덩이줄기에 저장됩니다. 예를 들어, 감자를 비롯한 여러 뿌리 작물에는 녹말이 많이 들어 있어 사람이 에너지원으로 사용할 수 있습니다.

광합성과 호흡의 관계

광합성과 호흡은 서로 밀접한 관련이 있습니다. 이 관계 덕분에 지구에서 생명체가 살아갈 수 있지요.
광합성의 산물은 호흡의 반응물이 됩니다. 그리고 호흡의 산물은 광합성의 반응물입니다.
호흡 과정은 광합성 과정과 정반대입니다.

엽록체는 녹색식물의 세포 안에 있는 특수한 소기관입니다.
이곳에서 광합성이 일어납니다.

태양 에너지

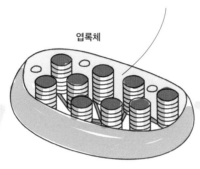

엽록체

광합성

$CO_2 + H_2O$

$C_6H_{12}O_6 + O_2$

호흡

미토콘드리아

화학 에너지

미토콘드리아의 안쪽 막은
구불구불합니다. 더 많은
효소와 반응물이 결합할 수
있도록 표면적을 넓게 만들기
위해서입니다. 그러면 호흡의
효율이 높아집니다.

광합성은 지구의 모든 생물을
직·간접적으로 떠받치는 중요한
반응입니다. 식물은 지구 생물량의
대부분을 차지합니다. 식물은
동물의 먹이가 되어 먹이 사슬을
통해 영양분을 올려 보냅니다.
광합성은 매년 약 1500억
메트릭톤의 탄수화물을 만듭니다.
우리는 이 탄수화물을 먹고 살며,
식물의 성장을 촉진하기 위해
비료를 사용합니다.

호흡은 유기체가 먹이에서
에너지를 얻을 수 있게 해주는
중요한 반응입니다.

호흡과 광합성은 **탄소 순환**의
일부라는 점에서도 중요합니다.
탄소 순환은 환경 속의 탄소를
재활용하는 모든 방법을 뜻합니다.

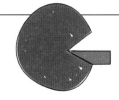 **다시 보기**

효소의 작용을 차단한다.
경쟁적 억제, 비경쟁적 억제, 되먹임 억제가 있다.

화학반응의 속도를 높이는 단백질.
스스로 바뀌지는 않는다.

(억제제)

(촉매)

(자물쇠-열쇠 모형)

정해진 반응만 일어난다.
기질(열쇠)은 효소의 활성 부위(자물쇠)와 결합한다.

효소

신진대사

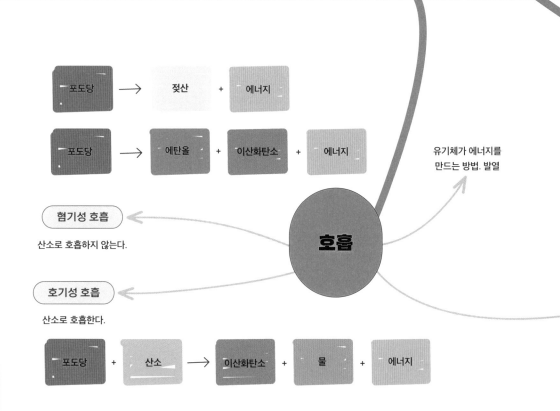

유기체가 에너지를
만드는 방법. 발열

호흡

(혐기성 호흡)

산소로 호흡하지 않는다.

(호기성 호흡)

산소로 호흡한다.

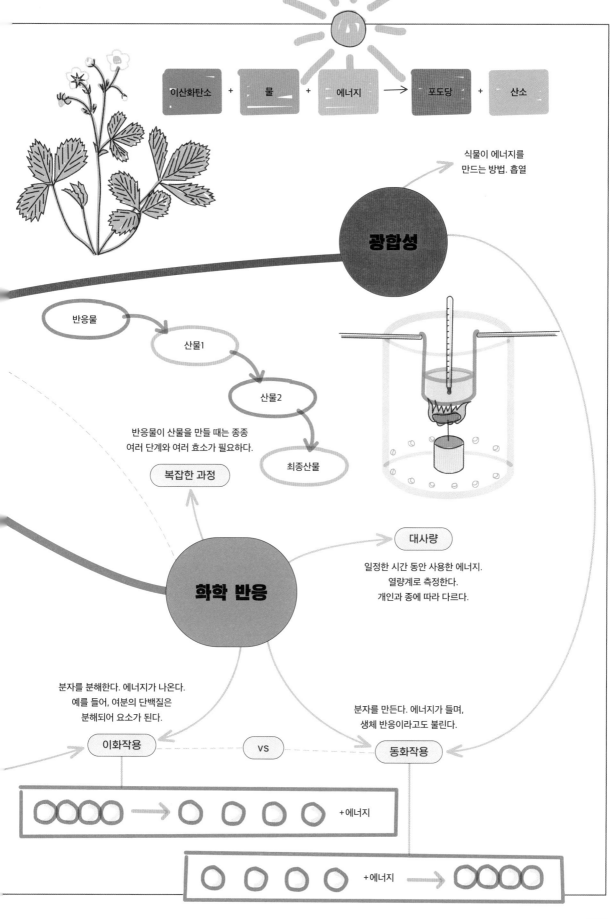

이산화탄소 + 물 + 에너지 → 포도당 + 산소

광합성

식물이 에너지를
만드는 방법. 흡열

반응물 → 산물1 → 산물2 → 최종산물

반응물이 산물을 만들 때는 종종
여러 단계와 여러 효소가 필요하다.

복잡한 과정

화학 반응

대사량

일정한 시간 동안 사용한 에너지.
열량계로 측정한다.
개인과 종에 따라 다르다.

분자를 분해한다. 에너지가 나온다.
예를 들어, 여분의 단백질은
분해되어 요소가 된다.

분자를 만든다. 에너지가 들며,
생체 반응이라고도 불린다.

이화작용   vs   동화작용

+에너지

+에너지

7장

식물의 구조와 기능

식물은 복잡하고 유기적인 생물로 외부의 자극에 반응합니다. 동물과
마찬가지로 세포가 배열되어 조직을 만들고, 여러 장기가 협력해 생산
시스템을 이룹니다. 식물은 흙에서 물과 미네랄을 흡수하고 태양 빛을
받아 광합성으로 에너지를 만들 수 있도록 고도로 발달했습니다.
잎에는 세포가 복잡하게 배열되어 있고, 물과 영양분을 수송하는 데
특화된 관다발도 있습니다. 식물은 위쪽으로나 옆으로도 자랄 수
있습니다. 식물의 행동은 대부분 호르몬으로 조절됩니다. 질병과 영양
결핍으로 괴로워하기도 하지만, 건강을 유지하기 위해 정교한 적응
방식을 발전시켰습니다. 식물에 관해 더 알아보겠습니다.

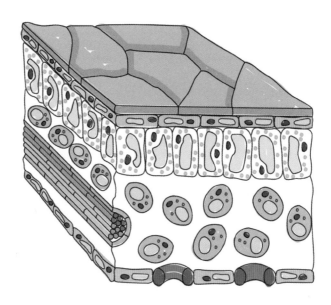

증산작용

식물은 광합성을 하고 성장하기 위해 끊임없이 물이 필요합니다. 이 과정을 **증산작용**이라고 부릅니다.
물은 뿌리를 통해 식물로 들어갑니다. 그리고 줄기를 타고 올라가 잎으로 간 뒤 증발해 대기 중으로 날아갑니다.

증산작용은 잎에서 물이 증발하면서 일어납니다.

증산류

물의 움직임

지상계는 잎과 줄기로 이루어져 있습니다. 성장과 광합성에 특화되어 있으며, 물과 미네랄을 몸 전체로 날라줍니다.

물은 줄기를 통해 위로 올라가 특수한 물관 세포를 통해 잎으로 들어갑니다.

증산류는 다음과 같은 이유로 이롭습니다.
• 질산염과 같은 미네랄 이온을 몸속 곳곳으로 나르는 데 도움이 됩니다.
• 식물세포를 부풀려 식물이 단단함을 유지할 수 있게 해줍니다.
• 광합성에 필요한 물을 잎에 제공합니다.
• 물이 증발하면서 잎을 식혀줍니다.

근계는 식물이 땅에 뿌리박고 서서 주변 흙에서 물과 미네랄을 흡수할 수 있게 해줍니다.

뿌리털세포 밖의 물 농도가 뿌리털세포 안의 물 농도보다 높습니다.

뿌리털세포   흙 입자

잎에서 물이 증발하면서 뿌리는 물을 빨아들입니다. 물 분자는 **서로 달라붙는 성질**이 있어 식물의 몸 안에서 계속 끌어올려집니다. 이것을 **증산류**라고 부릅니다.

만약 식물이 물을 충분히 흡수하지 못하면, 세포의 액포가 쪼그라들며 식물이 시듭니다. 물이 없으면, 광합성이 일어나지 않아 식물이 죽을 수도 있습니다.

물이 삼투 현상으로 뿌리털 속으로 들어옵니다.

관다발계

식물은 동물의 혈관계와 같은 관다발계를 갖고 있어 중요한 분자를 나릅니다. 식물에는 동맥과 정맥 대신
특수한 세포로 만들어진 관이 있습니다. 이런 관에는 두 종류가 있습니다. 바로 물관과 체관입니다.

물관

물관은 물과 미네랄 이온을
뿌리에서 줄기와 잎으로 나릅니다.

처음에 만들어질 때 물관은 살아
있는 세포로 이루어집니다. 하지만
시간이 흐르며 리그닌이라는
화학물질이 세포 안쪽에서 속이
빈 나선 모양을 이룹니다. 세포가
죽고 나면 리그닌을 버팀대로
단단해진 관이 생깁니다.

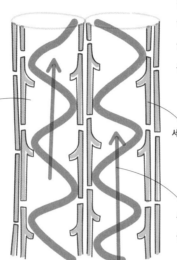

리그닌으로 강해진 세포가 흔히
말하는 '목재'입니다. 리그닌 나선은
매우 튼튼합니다. 덕분에 식물이
곧게 서서 몸을 지탱할 수 있지요.

세포벽

증산작용을 통해 물과 미네랄은
한 방향, 즉 위쪽으로만 흐릅니다.

체관

체관은 광합성으로 만든
당을 식물이 곧바로
사용하거나(분열조직에서)
저장할(덩이뿌리나 덩이줄기에)
수 있도록 곳곳으로 날라줍니다.

체관세포는 세포벽 끝에 구멍이
있는 길쭉한 모양의 살아 있는
세포입니다. 구멍을 통해
물과 물에 녹은 물질이 관을
따라 한 세포에서 다른 세포로
이동할 수 있습니다. 영양분이
통과할 공간을 확보하기 위해
체관세포에는 핵과 리보솜 같은
여러 기본적인 기관이 없습니다.

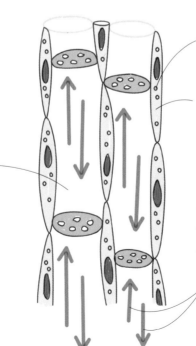

미토콘드리아

반세포: 각 체관세포에는 한 개
이상의 반세포가 붙어 있습니다.
반세포에는 미토콘드리아가 많아
체관세포에 에너지를 제공합니다.

물에 녹은 당은 양쪽으로 흐를
수 있습니다. 이것을 **전좌**라고
부릅니다. 전좌는 능동적인
활동으로, 에너지가 필요합니다.

식물의 성장

대부분의 동물과 달리 식물은 살아 있는 동안 계속 성장합니다. **분열조직**이라고 부르는 특수한 성장 영역이 있기 때문입니다. 분열조직에는 활발하게 분열하며 새로운 식물 조직을 만드는 줄기세포가 있습니다.

1차 생장

뿌리와 줄기가 길어지며 식물의 키가 커지는 것을 **1차 생장**이라고 부릅니다. 1차 생장은 분열조직이 뿌리와 줄기, 싹의 끝에 있기 때문에 일어납니다. 그런 조직을 **정단분열조직**이라고 부릅니다.

새로운 세포의 일부는 줄기세포입니다. 줄기세포는 분열조직에 머물며 계속해서 새로운 세포를 만듭니다.

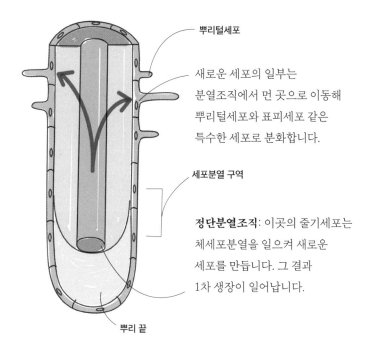

뿌리털세포

새로운 세포의 일부는 분열조직에서 먼 곳으로 이동해 뿌리털세포와 표피세포 같은 특수한 세포로 분화합니다.

세포분열 구역

정단분열조직: 이곳의 줄기세포는 체세포분열을 일으켜 새로운 세포를 만듭니다. 그 결과 1차 생장이 일어납니다.

뿌리 끝

2차 생장

나무와 같은 몇몇 식물은 둘레도 커집니다. 이것이 **2차 생장**입니다. 2차 생장은 나무줄기에도 분열조직이 있기 때문에 일어납니다. 이런 **측생분열조직**에는 분열하는 세포가 둥글게 배열되어 있습니다.

새로운 세포가 생겨나면 나무줄기의 굵기가 늘어납니다. 2차 생장 때는 나이를 측정할 수 있는 나이테가 만들어집니다.

측생분열조직에는 체세포분열을 일으켜 새로운 세포를 만드는 줄기세포가 있습니다. 그 결과 2차 생장이 일어납니다.

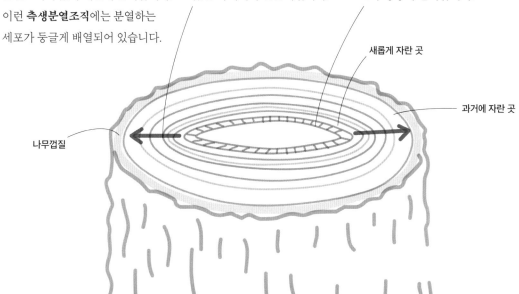

새롭게 자란 곳

과거에 자란 곳

나무껍질

잎의 구조

식물의 기관은 고도로 분화되어 있습니다. 잎은 광합성과 식물을 드나드는 물질의 이동이 최대한 잘 일어날 수 있도록 특별히 적응했습니다. 잎에는 다양한 조직이 있으며, 잎 세포에는 **엽록체**라고 하는 특수한 기관이 있습니다. 바로 이곳에서 광합성이 일어납니다. 엽록체에는 **엽록소**라는 녹색 색소가 있어서 태양 빛에서 에너지를 흡수합니다.

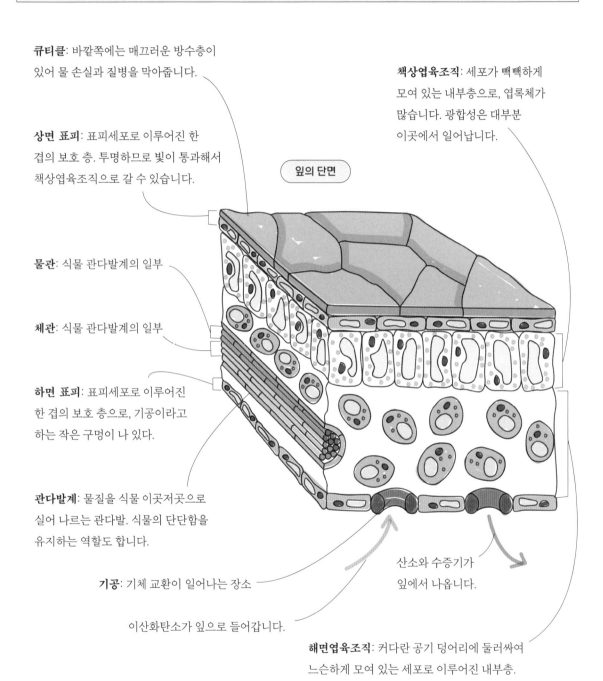

큐티클: 바깥쪽에는 매끄러운 방수층이 있어 물 손실과 질병을 막아줍니다.

상면 표피: 표피세포로 이루어진 한 겹의 보호 층. 투명하므로 빛이 통과해서 책상엽육조직으로 갈 수 있습니다.

물관: 식물 관다발계의 일부

체관: 식물 관다발계의 일부

하면 표피: 표피세포로 이루어진 한 겹의 보호 층으로, 기공이라고 하는 작은 구멍이 나 있다.

관다발계: 물질을 식물 이곳저곳으로 실어 나르는 관다발. 식물의 단단함을 유지하는 역할도 합니다.

기공: 기체 교환이 일어나는 장소

이산화탄소가 잎으로 들어갑니다.

잎의 단면

책상엽육조직: 세포가 빽빽하게 모여 있는 내부층으로, 엽록체가 많습니다. 광합성은 대부분 이곳에서 일어납니다.

산소와 수증기가 잎에서 나옵니다.

해면엽육조직: 커다란 공기 덩어리에 둘러싸여 느슨하게 모여 있는 세포로 이루어진 내부층. 표면적이 넓어서 기체가 안팎으로 확산하기 쉽습니다.

110

기체 교환

기체는 기공을 통해 잎을 드나듭니다. **기공**은 잎과 줄기를 비롯한 식물의 기관 표피에 있는 작은 구멍입니다.
식물은 이산화탄소를 흡수해 광합성을 하고 그 결과 생기는 노폐물인 산소를 배출해야 합니다.
기공이 이 과정을 가능하게 해줍니다.

증산작용은 온도와 습도, 바람 같은 환경의 영향을 받습니다. 식물은 환경의 변화에 반응해 기공을 열거나 닫아
증산작용을 조절합니다.

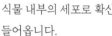

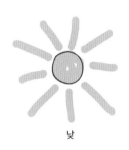

낮

대부분의 식물은 광합성을 위해 낮 동안 기공을 엽니다.
특별히 건조하거나 더운 날에는 과도한 물 손실을 막기
위해 기공을 닫기도 합니다.

공변세포는 기공을 둘러싼
특수한 세포입니다. 구멍을
여닫거나 크기를 조절합니다.

공변세포가 부풀어 오르면 기공이
열립니다. 그러면 기체가 세포 안으로
들어오거나 나갈 수 있습니다.

산소는 기공을 통해 대기 중으로
확산합니다.

물은 기공을 통해 증발해서 대기 중으로
흘러나갑니다. 이것이 증산작용입니다.

이산화탄소는 기공을 통해
식물 내부의 세포로 확산해
들어옵니다.

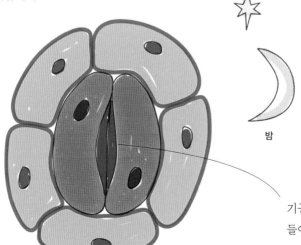

밤

대부분의 식물은 태양 빛이 없어 광합성을
할 수 없는 밤에 기공을 닫습니다.

기공이 닫히면, 기체가 세포로
들어오거나 밖으로 나갈 수 없습니다.

식물 호르몬

식물은 호르몬이라는 분자를 이용해 환경 변화에 반응합니다. **옥신**은 식물의 성장 호르몬입니다. 옥신은 뿌리와 싹 끝에서 성장을 조절합니다. 뿌리와 싹에서 각각 정반대로 작용해 식물이 중력에 반응하는 방식에 영향을 끼치지요.

중력굴성

식물의 뿌리는 흙에서 물과 영양분을 흡수할 수 있도록 아래쪽으로 자라야 합니다.

만약 뿌리가 땅속에서 옆으로 자라면 중력 때문에 옥신이 뿌리 아래쪽으로 모입니다. 위쪽보다 아래쪽에 옥신이 더 많이 모이게 됩니다.

뿌리의 굴성

중력

중력

뿌리 속의 옥신이 성장을 저해합니다. 뿌리 위쪽이 더 많이 자라고, 아래쪽은 덜 자랍니다. 그 결과 뿌리가 아래쪽으로 휩니다.

식물이 중력에 반응하는 현상을 **굴성**이라고 합니다.

뿌리는 중력을 향해 자라므로 **양성굴성**을 보입니다.

식물의 싹은 잎이 태양 빛을 이용한 광합성으로 에너지를 만들 수 있도록 위쪽으로 자라야 합니다.

싹은 중력 반대방향으로 자라기 때문에 **음성굴절**을 보입니다.

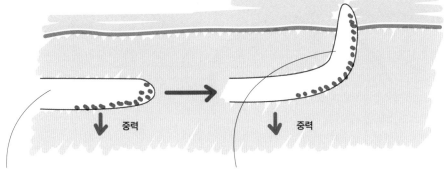

싹의 굴성

중력

중력

씨앗이 발아하며 나온 싹이 땅속에서 옆으로 자라면, 싹의 위쪽보다 아래쪽에 옥신이 더 많아집니다.

싹에서는 옥신이 성장을 촉진합니다. 싹 위쪽이 덜 자라고, 아래쪽은 더 자랍니다. 그 결과 싹이 위쪽으로 휩니다.

감광성

식물은 빛에 제각기 다르게 반응합니다.
이런 반응을 **감광성**이라고 합니다.
이것 역시 옥신이 조절합니다. 싹에 있는
옥신은 세포가 더 자라게 합니다.

옥신을 인위적으로 활용하는 방법

• 제초제: 잡초 잎에 옥신을 뿌리면
세포가 통제할 수 없이 분열하면서
잡초가 죽습니다.

• 발근제: 정원사들은 자른 식물을
옥신 가루에 담가 뿌리의 성장을
자극합니다.

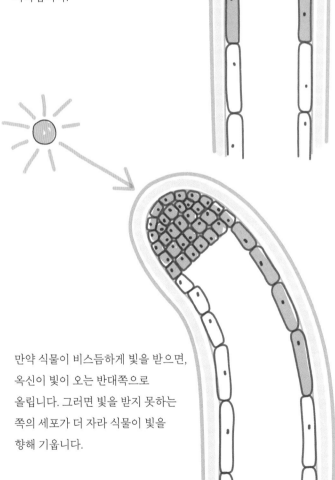

싹의 감광성

만약 식물이 똑바로 위에서 빛을 받으면
옥신이 싹의 끝에 고르게 퍼집니다.
그러면 싹은 똑바로 위로 자랍니다.

지베렐린은 씨앗의 발아와 줄기의
성장, 개화를 촉진하는 식물
호르몬입니다. 예를 들어, 식물을
키우는 사람들은 지베렐린으로
발아 속도를 빠르게 해서 여러 개의
씨앗이 동시에 발아하게 합니다. 화훼
산업계에서는 식물이 1년 내내 꽃을
피우기 위해 지베렐린을 사용합니다.

에틸렌도 식물 호르몬으로,
특이하게도 기체입니다. 에틸렌은
식물의 성장과 과일의 성숙에 영향을
끼칩니다. 예를 들어, 보통 바나나는
익지 않아 녹색일 때 수확합니다.
그리고 팔기 위해 마트까지 운송하는
도중에 에틸렌으로 처리합니다.
소비자에게 도달할 때쯤에는 바나나가
충분히 익습니다.

만약 식물이 비스듬하게 빛을 받으면,
옥신이 빛이 오는 반대쪽으로
올립니다. 그러면 빛을 받지 못하는
쪽의 세포가 더 자라 식물이 빛을
향해 기웁니다.

식물의 결핍증, 질병, 방어

식물이 살아가려면 다양한 영양분이 필요합니다. 영양이 충분하지 못하면 잘 자라지 못하지요.
식물은 질병을 일으키는 여러 가지 유기체, 즉 병원체 때문에 병에 걸리기도 합니다.
그래서 질병으로부터 자기 자신을 보호하기 위해 다양한 방어 수단을 갖도록 진화했습니다.

결핍증

식물은 흙에서 다양한 미네랄을 얻어야 합니다. 이때 쓰는 방법은 능동수송입니다.
대부분의 미네랄은 소량만 있어도 되지만, 질산염이나 마그네슘, 포타슘 같은 미네랄은
대량으로 필요합니다. 미네랄의 균형이 맞지 않으면 식물이 잘 자라지 못합니다.
이런 결핍증은 다양한 방식으로 나타납니다.

성장 저해

미네랄과 미네랄 결핍증

미네랄	기능	효과	결핍시 증상
질산염	단백질 생성	세포 성장	성장 저해, 잎 황변
인산염	DNA 생성	호흡, 세포 성장	뿌리 성장 저해, 잎 변색
포타슘 화합물	효소의 작용을 도움	호흡, 광합성	꽃과 뿌리 성장 저해, 잎 변색
마그네슘 화합물	엽록소 생성	광합성	잎 황변

질병

식물은 다양한 해충과 세균, 바이러스,
곰팡이 같은 병원체로부터
병을 얻을 수 있습니다. 병에
걸리면 잎이 비정상적으로
자라거나 제대로 성장하지
못하거나 썩거나 덩어리가 생기는
등의 다양한 증상을 보입니다.

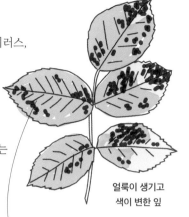

얼룩이 생기고
색이 변한 잎

진딧물은 즙을 빨아먹는 조그만
곤충으로 배추나 감자와 같은
작물에 잘 생기는 해충입니다.
커다란 피해를 끼칠 수 있습니다.
살충제를 사용해 죽일 수 있습니다.

장미검은무늬병은 곰팡이 때문에 생기는 병입니다.
잎에 얼룩이 생기다가 떨어집니다.
광합성이 어려워져서 식물이 잘 자라지 못합니다.
감염된 잎을 제거하고 살진균제를 뿌려서 치료합니다.

해충

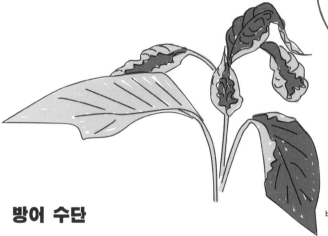

비정상적으로 자란
줄기와 잎

방어 수단

질병을 막기 위해 식물의 다양한 방어 수단이 진화했습니다.

물리적 방어

• 외부의 매끄러운 큐티클 층이
  병원체를 막아줍니다.

• 셀룰로스로 이루어진 세포벽도
  병원체를 막아줍니다.

• 나무껍질은 죽은 식물세포가
  쌓인 두꺼운 층입니다.
  이 껍질도 보호 층이 됩니다.

화학적 방어

• 어떤 식물은 항균 물질을
  분비합니다. 예를 들어,
  타임이라는 허브에는 특정
  바이러스와 세균, 곰팡이를
  죽이는 물질이 있습니다.

• 어떤 식물은 독을 만들어 동물이
  자신을 먹지 못하게 합니다.
  예를 들어, 설강화와 히아신스는
  독성 물질을 분비합니다.

기계적 방어

• 어떤 식물은 가시와 같은
  뾰족한 조직을 만들어 먹기
  어렵게 합니다. 예를 들어,
  장미에는 가시가 있습니다.

• 어떤 식물은 곤충이
  내려앉으면 잎이 수그러들거나
  말려서 곤충이 떨어지게
  합니다. 미모사 잎은 건드리면
  접혀서 아래로 수그러듭니다.

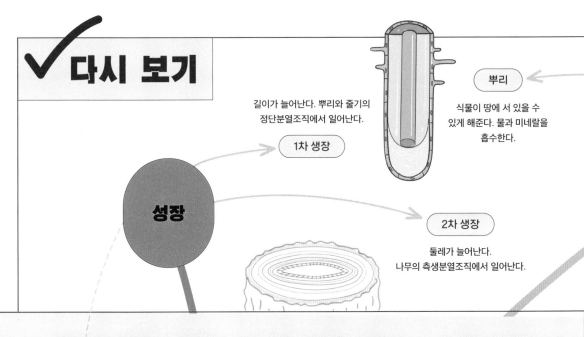

길이가 늘어난다. 뿌리와 줄기의
정단분열조직에서 일어난다.

1차 생장

뿌리

식물이 땅에 서 있을 수
있게 해준다. 물과 미네랄을
흡수한다.

성장

2차 생장

둘레가 늘어난다.
나무의 측생분열조직에서 일어난다.

식물의 구조와 기능

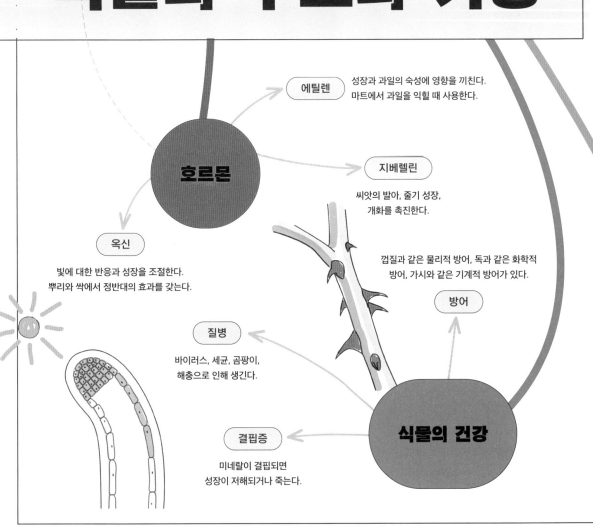

에틸렌

성장과 과일의 숙성에 영향을 끼친다.
마트에서 과일을 익힐 때 사용한다.

호르몬

지베렐린

씨앗의 발아, 줄기 성장,
개화를 촉진한다.

옥신

빛에 대한 반응과 성장을 조절한다.
뿌리와 싹에서 정반대의 효과를 갖는다.

껍질과 같은 물리적 방어, 독과 같은 화학적
방어, 가시와 같은 기계적 방어가 있다.

방어

질병

바이러스, 세균, 곰팡이,
해충으로 인해 생긴다.

식물의 건강

결핍증

미네랄이 결핍되면
성장이 저해되거나 죽는다.

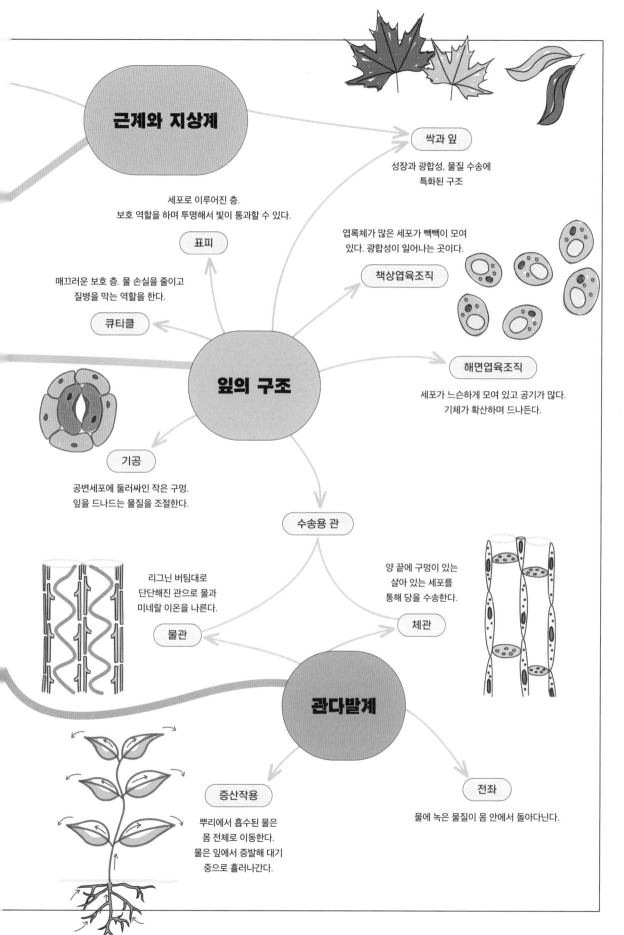

근계와 지상계

싹과 잎
성장과 광합성, 물질 수송에
특화된 구조

잎의 구조

세포로 이루어진 층.
보호 역할을 하며 투명해서 빛이 통과할 수 있다.

표피

매끄러운 보호 층. 물 손실을 줄이고
질병을 막는 역할을 한다.

큐티클

엽록체가 많은 세포가 빽빽이 모여
있다. 광합성이 일어나는 곳이다.

책상엽육조직

해면엽육조직
세포가 느슨하게 모여 있고 공기가 많다.
기체가 확산하며 드나든다.

기공
공변세포에 둘러싸인 작은 구멍.
잎을 드나드는 물질을 조절한다.

수송용 관

리그닌 버팀대로
단단해진 관으로 물과
미네랄 이온을 나른다.

양 끝에 구멍이 있는
살아 있는 세포를
통해 당을 수송한다.

물관

체관

관다발계

증산작용
뿌리에서 흡수된 물은
몸 전체로 이동한다.
물은 잎에서 증발해 대기
중으로 흘러나간다.

전좌
물에 녹은 물질이 몸 안에서 돌아다닌다.

8장

인간의 구조와 기능

이 장에서는 끊임없이 변하는 환경 속에서 우리 몸이 어떻게
비교적 일정한 상태를 유지하고 있는지 알아보겠습니다. 외부의
변화를 감지하는 감각기관에는 무엇이 있을까요? 예를 들어,
뇌는 감각 정보를 처리하고 신경과 호르몬을 이용해 반응을
조절합니다. 한편 우리 몸의 특수한 기관은 호흡과 소화 같은
필수적인 기능을 제공합니다. 다른 동물도 비슷합니다. 여러
기관이 각자의 역할을 하며 유기체가 살아 있을 수 있게 해주지요.

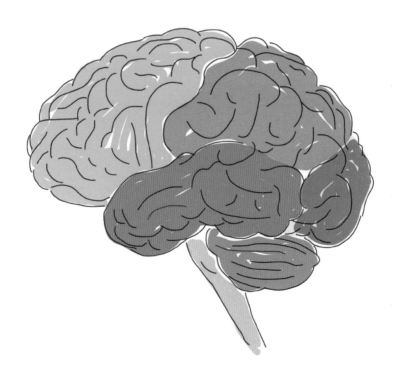

인간의 기관계

동물의 몸을 이루는 세포는 조직과 기관으로 나뉘어 있습니다.
이런 조직과 기관이 모여서 함께 일하며 계를 이룹니다. 인간의 몸에는 11가지 기관계가 있습니다.

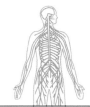

신경계: 환경의 자극에 반응하고, 몸의 각 부위로 전기 신호를 전달하며, 적절한 반응을 만듭니다.

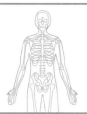

골격계: 온몸의 뼈와 관절. 몸을 지탱하고, 보호 역할을 하고, 움직일 수 있게 해주며, 혈액 세포를 만듭니다.

내분비계: 호르몬을 분비하는 분비샘. 성장, 발달, 신진대사 등 많은 기능을 조절합니다.

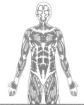

근육계: 자세를 유지하고, 움직임을 조절하고, 관절을 안정적으로 붙잡아줍니다.

소화계: 음식을 작게 분해해 영양소를 몸에 흡수합니다.

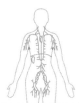

림프계와 면역계: 면역 반응을 일으키고 백혈구를 온몸으로 날라 질병으로부터 몸을 보호합니다.

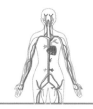

순환계: 심장, 혈관, 피의 순환 네트워크. 몸에 산소와 영양분을 공급하고, 호르몬을 수송하며, 노폐물을 제거합니다.

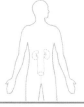

비뇨기계: 노폐물을 오줌으로 배출합니다. 핏속의 물과 소금 농도를 조절합니다.

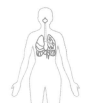

호흡계: 기체 교환이 일어나는 폐와 같은 기관의 모임. 산소를 몸 안에 흡수하고, 이산화탄소를 배출합니다.

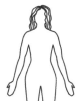

피부계: 피부, 머리털, 손톱 등. 피부계의 주요 기능은 외부 세계로부터 몸을 보호하는 장벽 역할입니다.

여성생식계: 난자를 만듭니다. 발달 중인 배아에 영양을 공급하고 보호합니다.

남성생식계: 난자와 수정할 수 있는 정자를 만듭니다.

항상성

유기체는 제대로 기능하기 위해서 몸 안의 환경을 조절할 수 있어야 합니다. 예를 들어, 체온과 혈당은 일정한 범위 안에 있어야 합니다. **항상성**은 외부 환경이 변해도 생명체와 세포가 안정적이고 일정한 내부 환경을 유지하는 능력을 말합니다.

항상성은 자동으로 작동합니다. 특별히 의식하지 않아도 된다는 뜻입니다.
항상성을 유지하는 원리는 **자동 제어 장치**와 같습니다. 호르몬과
신경계를 이용할 뿐이지요. 자동 제어 장치는 센서와 실행기,
제어기로 이루어져 있습니다.

항상성은 **음성 되먹임**이라는
과정을 통해 이루어집니다.
예를 들어, 체온이 올라가면,
통제실에서 체온을
떨어뜨립니다.
체온이 내려가면, 통제실에서
체온을 올립니다.

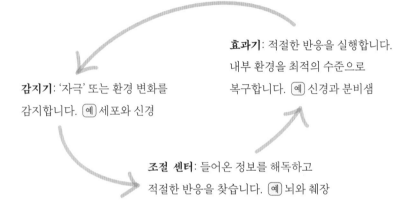

자동 제어 장치

효과기: 적절한 반응을 실행합니다. 내부 환경을 최적의 수준으로 복구합니다. 예 신경과 분비샘

감지기: '자극' 또는 환경 변화를 감지합니다. 예 세포와 신경

조절 센터: 들어온 정보를 해독하고 적절한 반응을 찾습니다. 예 뇌와 췌장

혈당 조절

인슐린과 글루카곤이라는 두 호르몬은 핏속의 포도당 농도를 조절합니다. 두 호르몬 모두 췌장에서 만들어집니다.
음성 되먹임 과정을 통해 혈당이 적당한 범위에 있도록 유지합니다.

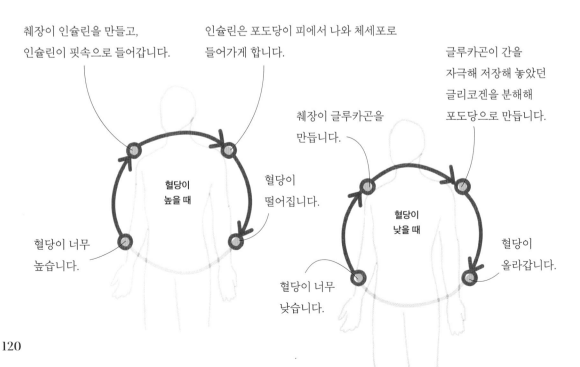

췌장이 인슐린을 만들고,
인슐린이 핏속으로 들어갑니다.

인슐린은 포도당이 피에서 나와 체세포로
들어가게 합니다.

췌장이 글루카곤을
만듭니다.

글루카곤이 간을
자극해 저장해 놓았던
글리코겐을 분해해
포도당으로 만듭니다.

혈당이
높을 때

혈당이
떨어집니다.

혈당이 너무
높습니다.

혈당이
낮을 때

혈당이 너무
낮습니다.

혈당이
올라갑니다.

체온 조절

사람의 몸은 약 37℃에서 가장 잘 작동합니다. 체온이 너무 높거나 낮아지면,
그 변화를 알아챈 몸에서 여러 가지 반응이 일어납니다.

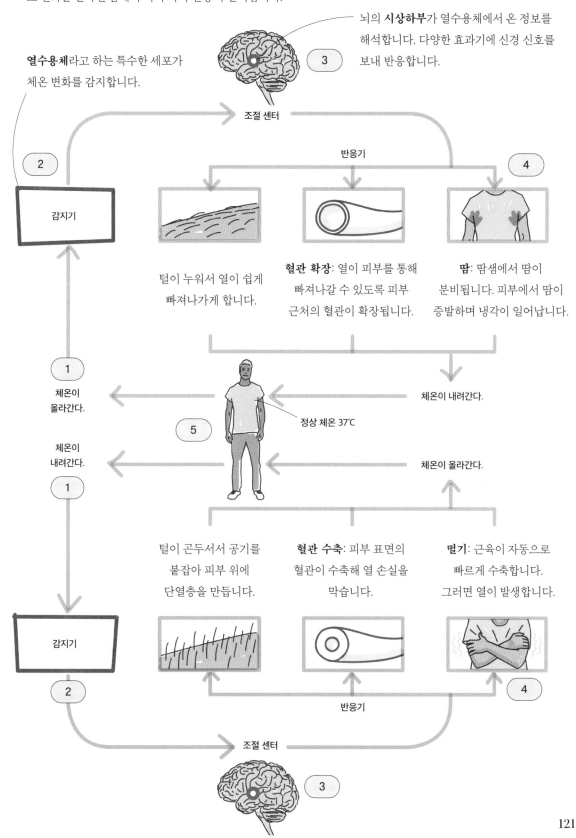

뇌의 **시상하부**가 열수용체에서 온 정보를
해석합니다. 다양한 효과기에 신경 신호를
보내 반응합니다.

열수용체라고 하는 특수한 세포가
체온 변화를 감지합니다.

조절 센터

반응기

감지기

털이 누워서 열이 쉽게
빠져나가게 합니다.

혈관 확장: 열이 피부를 통해
빠져나갈 수 있도록 피부
근처의 혈관이 확장됩니다.

땀: 땀샘에서 땀이
분비됩니다. 피부에서 땀이
증발하며 냉각이 일어납니다.

체온이
올라간다.

체온이 내려간다.

정상 체온 37℃

체온이
내려간다.

체온이 올라간다.

털이 곤두서서 공기를
붙잡아 피부 위에
단열층을 만듭니다.

혈관 수축: 피부 표면의
혈관이 수축해 열 손실을
막습니다.

떨기: 근육이 자동으로
빠르게 수축합니다.
그러면 열이 발생합니다.

감지기

반응기

조절 센터

신경계

신경계는 우리가 주변 환경에 반응해 계획을 세우고 행동을 조절할 수 있게 해줍니다.
뇌와 척수, 몸의 나머지 기관을 연결하는 수천 개의 신경 또는 **뉴런**으로 이루어져 있습니다.
신경은 전기와 신경전달물질이라는 화학물질을 이용해 정보를 전달합니다.

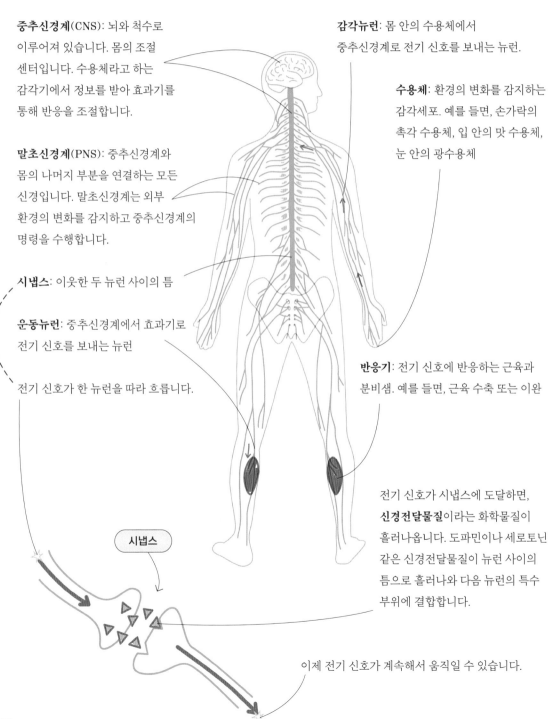

중추신경계(CNS): 뇌와 척수로
이루어져 있습니다. 몸의 조절
센터입니다. 수용체라고 하는
감각기에서 정보를 받아 효과기를
통해 반응을 조절합니다.

말초신경계(PNS): 중추신경계와
몸의 나머지 부분을 연결하는 모든
신경입니다. 말초신경계는 외부
환경의 변화를 감지하고 중추신경계의
명령을 수행합니다.

시냅스: 이웃한 두 뉴런 사이의 틈

운동뉴런: 중추신경계에서 효과기로
전기 신호를 보내는 뉴런

전기 신호가 한 뉴런을 따라 흐릅니다.

감각뉴런: 몸 안의 수용체에서
중추신경계로 전기 신호를 보내는 뉴런.

수용체: 환경의 변화를 감지하는
감각세포. 예를 들면, 손가락의
촉각 수용체, 입 안의 맛 수용체,
눈 안의 광수용체

반응기: 전기 신호에 반응하는 근육과
분비샘. 예를 들면, 근육 수축 또는 이완

전기 신호가 시냅스에 도달하면,
신경전달물질이라는 화학물질이
흘러나옵니다. 도파민이나 세로토닌
같은 신경전달물질이 뉴런 사이의
틈으로 흘러나와 다음 뉴런의 특수
부위에 결합합니다.

시냅스

이제 전기 신호가 계속해서 움직일 수 있습니다.

반사

뉴런은 빠른 속도로 정보를 전달합니다. 어떨 때는 이 과정이 의식적으로 이루어지지만, 어떨 때는 자동으로
일어납니다. 반응이 더욱 빨리 일어나도록 뇌의 의식 영역을 우회하는 것이지요. 이것이 **반사**입니다.
반사는 자동적인 반응입니다. 예를 들어, 누군가 눈에 밝은 빛을 비추면, 의식을 하지 않아도 동공이 줄어듭니다.

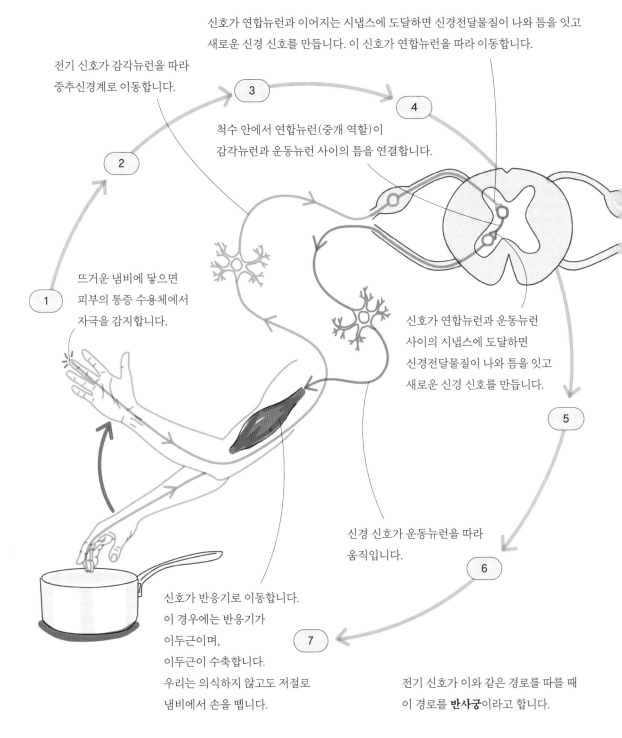

신호가 연합뉴런과 이어지는 시냅스에 도달하면 신경전달물질이 나와 틈을 잇고
새로운 신경 신호를 만듭니다. 이 신호가 연합뉴런을 따라 이동합니다.

전기 신호가 감각뉴런을 따라
중추신경계로 이동합니다.

3

4

척수 안에서 연합뉴런(중개 역할)이
감각뉴런과 운동뉴런 사이의 틈을 연결합니다.

2

1

뜨거운 냄비에 닿으면
피부의 통증 수용체에서
자극을 감지합니다.

신호가 연합뉴런과 운동뉴런
사이의 시냅스에 도달하면
신경전달물질이 나와 틈을 잇고
새로운 신경 신호를 만듭니다.

5

신경 신호가 운동뉴런을 따라
움직입니다.

6

신호가 반응기로 이동합니다.
이 경우에는 반응기가
이두근이며,
이두근이 수축합니다.
우리는 의식하지 않고도 저절로
냄비에서 손을 뗍니다.

7

전기 신호가 이와 같은 경로를 따를 때
이 경로를 **반사궁**이라고 합니다.

뇌

사람의 뇌는 세상에서 가장 정교한 컴퓨터입니다. 수백억 개의 뉴런이 시냅스라고 하는 수조 개의 연결을 통해 서로 소통합니다. 뇌는 생각, 학습, 감정에서 시각, 호흡, 운동에 이르기까지 모든 것을 제어합니다.

성인의 뇌는 약 1.3kg로, 애완용 토끼의 몸무게와 비슷합니다. 뇌는 걸쭉한 죽처럼 부드럽고 흐물흐물합니다. 그래서 **뇌막**이라는 질긴 막과 **두개골**이라는 뼈로 덮여 보호받고 있습니다. 사람의 뇌는 서로 다른 영역으로 이루어져 있습니다. 각 영역은 서로 기능이 다릅니다.

뇌의 외부

전두엽에는 몸의 움직임을 제어하는 **운동피질**, 생각과 문제 해결을 담당하는 **전전두피질**이 있습니다. **브로카 영역**도 있습니다. 브로카 영역이 손상된 사람은 말하는 데 어려움을 겪습니다.

두정엽에는 촉감이나 온도, 압력 같은 감각을 해석하는 **체성감각피질**이 있습니다. 즉, 운동피질이 커피잔을 육체적으로 들어 올릴 수 있게 한다면, 체성감각피질은 그 잔이 얼마나 뜨거운지를 알려줍니다.

후두엽은 눈으로 들어온 시각 정보를 처리합니다.

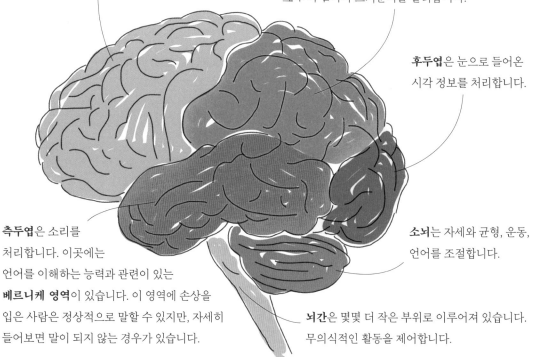

측두엽은 소리를 처리합니다. 이곳에는 언어를 이해하는 능력과 관련이 있는 **베르니케 영역**이 있습니다. 이 영역에 손상을 입은 사람은 정상적으로 말할 수 있지만, 자세히 들어보면 말이 되지 않는 경우가 있습니다.

소뇌는 자세와 균형, 운동, 언어를 조절합니다.

뇌간은 몇몇 더 작은 부위로 이루어져 있습니다. 무의식적인 활동을 제어합니다.

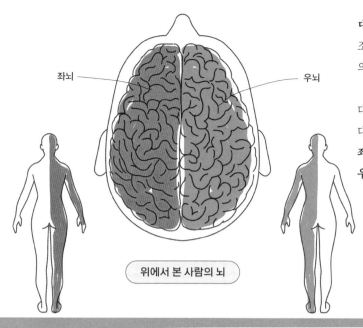

대뇌는 뇌 위쪽에 있는 회색의 주름진 조직입니다. 생각과 말하기, 움직임 같은 의식적인 행동을 조절합니다.

대뇌 표면을 **피질**이라고 부릅니다.
대뇌는 가운데를 기준으로 둘로 나뉩니다.
좌뇌는 몸의 오른쪽을 제어하고,
우뇌는 몸의 왼쪽을 제어합니다.

좌뇌

우뇌

위에서 본 사람의 뇌

뇌의 내부 구조

시상하부는 뇌하수체를 통해 신경계와 내분비계를 연결합니다. 호르몬을 만들고 분비합니다. 체온과 허기, 갈증, 혈압 등을 조절합니다.

해마는 학습, 기억과 관련이 있습니다.

뇌하수체는 호르몬을 분비해 항상성을 유지합니다.

연수는 뇌간의 일부입니다. 호흡과 심장 박동, 혈압처럼 무의식적인 행동을 조절합니다. 이곳에 있는 특수 세포가 재채기와 구토도 제어합니다.

시상은 척수에서 오가는 정보를 처리합니다.

소뇌는 균형과 협응, 근육 활동을 제어합니다.

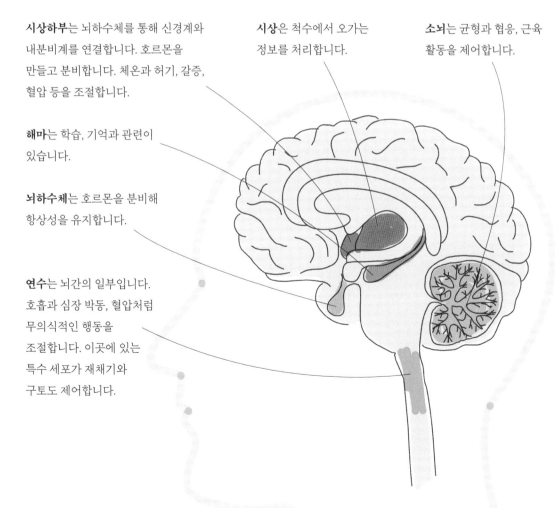

감각기관

인체에는 눈과 귀, 혀처럼 환경 변화를 감지할 수 있게 해주는 여러 가지 감각기관이 있습니다.
감각기관은 정보를 중추신경계에 전달하며, 중추신경계는 그런 정보를 처리하고 변화에 반응하게 합니다.

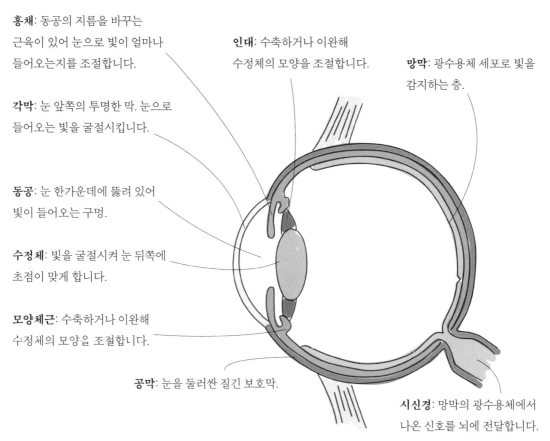

홍채: 동공의 지름을 바꾸는 근육이 있어 눈으로 빛이 얼마나 들어오는지를 조절합니다.

인대: 수축하거나 이완해 수정체의 모양을 조절합니다.

망막: 광수용체 세포로 빛을 감지하는 층.

각막: 눈 앞쪽의 투명한 막. 눈으로 들어오는 빛을 굴절시킵니다.

동공: 눈 한가운데에 뚫려 있어 빛이 들어오는 구멍.

수정체: 빛을 굴절시켜 눈 뒤쪽에 초점이 맞게 합니다.

모양체근: 수축하거나 이완해 수정체의 모양을 조절합니다.

공막: 눈을 둘러싼 질긴 보호막.

시신경: 망막의 광수용체에서 나온 신호를 뇌에 전달합니다.

눈

눈은 중요한 감각기관입니다. 명암과 색, 움직임 같은 복잡한 자극을 감지하지요. 눈은 따로 떨어져 있는 조직처럼 보일지 몰라도 실제로는 중추신경계와 이어져 있습니다. 눈 뒤에서 나온 시신경이 뇌에 직접 정보를 입력하기 때문입니다.

간상세포(막대세포): 주로 망막 주변부에 있는 막대기 모양의 세포입니다. 주변을 보는 데 쓰이며, 빛이 희미할 때 주로 이용합니다. 명암을 감지합니다.

원추세포(원뿔세포): 망막에서 찾을 수 있는 세포로, 색을 볼 수 있게 해줍니다. 원추세포는 빛이 밝을 때 주로 이용하며, 사람에게는 빨간색, 녹색, 파란색, 세 가지 종류의 원추세포가 있습니다. 각각의 원추세포는 서로 다른 가시광선 스펙트럼에 민감하게 반응합니다.

홍채 반사

아주 밝은 빛은 눈에 손상을 가할 수 있습니다. 망막의 광수용체가 아주 밝은 빛을 감지하면, 동공을 작게 만드는 반사를 일으킵니다.

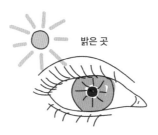

밝은 곳

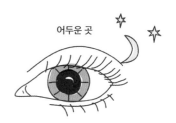

어두운 곳

- 환상근(돌림근육)이 수축합니다.
- 방사근(부챗살근육)이 이완합니다.
- 동공이 작아집니다.
- 눈에 빛이 덜 들어옵니다.

- 환상근(돌림근육)이 이완합니다.
- 방사근(부챗살근육)이 수축합니다.
- 동공이 커집니다.
- 눈에 빛이 더 많이 들어옵니다.

원거리와 근거리 초점

눈은 서로 다른 거리에 있는 물체에 초점을 맞출 수 있습니다. 근육이 수축하거나 이완하며 망막에 상이 맺히게 하지요. 덕분에 선명하게 볼 수 있습니다.

(원거리 초점 맞추기)

(근거리 초점 맞추기)

수정체가 두꺼워집니다.

모양체근이 수축합니다.

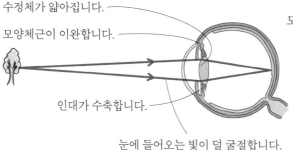

수정체가 얇아집니다.

모양체근이 이완합니다.

인대가 수축합니다.

눈에 들어오는 빛이 덜 굴절합니다.

인대가 이완합니다.

눈에 들어오는 빛이 더 많이 굴절합니다.

원시와 근시

원시와 근시는 렌즈를 이용해 교정할 수 있습니다.

가까운 물체의 상이 망막 뒤에 맺힙니다. 그래서 물체가 흐릿하게 보입니다.

볼록렌즈를 이용해 초점이 망막에 맺히게 해 교정할 수 있습니다.

(원시)

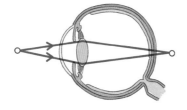

원시인 사람은 가까운 물체에 초점을 잘 맞추지 못합니다.

(근시)

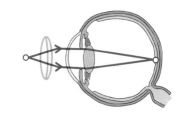

근시인 사람은 멀리 있는 물체에 초점을 잘 맞추지 못합니다.

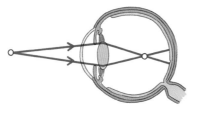

멀리 있는 물체의 상이 망막 앞에 맺힙니다. 그래서 물체가 흐릿하게 보입니다.

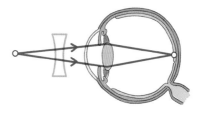

오목렌즈를 이용해 초점이 망막에 맺히게 해 교정할 수 있습니다.

귀

귀는 음파를 받아서 전기 신호로
바꾼 뒤, 뇌에 신호를 전달합니다.

망치뼈: 중이(가운데귀)에 있는 세 개의 작은 뼈 중 하나.
음파에 반응해 진동합니다.

모루뼈: 중이에 있는 세 개의 작은 뼈 중 하나.
망치뼈가 움직이면 진동합니다.

외이(귓바퀴): 귀에서 보이는
부분. 깔때기처럼 생겨서 음파를
모은 뒤 안쪽으로 보냅니다.

등자뼈: 중이에 있는 세 개의 작은 뼈 중 하나.
모루뼈가 움직이면 진동합니다.

반고리관: 액체가 차 있는 작은 관 세 개로 이루어져 있으며,
청각이 아니라 균형을 잡는 데 쓰입니다.

달팽이관: 등자뼈가 진동하면 움직이는
액체가 들어 있는 나선 모양의 공간.
여기서 전기 신호가 발생합니다.

중이

청신경: 와우의 전기 신호를 뇌로
전달합니다. 뇌는 이 신호를 소리로
해석합니다.

외이도: 귀의 안과 밖을 연결하는 관.
이 관을 통해 음파가 들어옵니다.
귀지를 만드는 세포로 덮여 있습니다.
귀지는 외이도 안 피부를 보호하고
세균으로부터 보호해줍니다.

고막: 음파에 반응해 진동하는
얇고 투명한 막.

유스타키오관: 중이와 목, 비강(코
안쪽의 공간)을 연결하는 관. 중이
내부의 압력을 조절합니다.

외이

내이

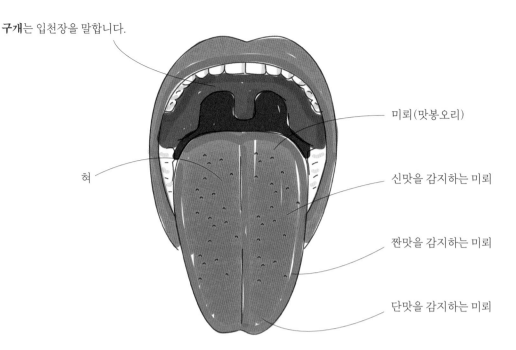

구개는 입천장을 말합니다.

미뢰(맛봉오리)

혀

신맛을 감지하는 미뢰

짠맛을 감지하는 미뢰

단맛을 감지하는 미뢰

입

입은 들어온 음식을 씹어서 소화계의 다음 단계로 넘깁니다. 삼키기 전에는 맛을 볼 수 있습니다. **혀**에는 맛을 감지하는 다양한 세포가 있어서 음식의 맛을 즐길 수 있습니다.

혀는 근육으로 이루어진 기관으로 음식을 씹거나 삼키고, 소리를 내는 데 쓰입니다. 침으로 덮여서 축축한 상태를 유지하며, 많은 신경과 혈관이 있습니다. 혀의 위쪽 표면은 작은 **돌기**로 덮여 있습니다. 일부는 음식의 질감을 느끼게 해주기 때문에 **기계돌기**라고 부르며, 나머지는 음식의 맛을 느끼게 해주기 때문에 **맛돌기**라고 부릅니다.

다른 감각기관

감각에는 다섯 가지가 있습니다. 시각과 청각, 미각, 후각, 촉각입니다. 하지만 과학자들은 사실 50가지나 되는 감각이 있다고 생각합니다.

눈과 귀, 코처럼 분명한 감각기관도 있지만, 우리 몸 전체에는 다양한 감각세포가 있습니다. 이런 세포는 오감 외에도 다른 감각을 느낄 수 있지요.

허기는 음식을 먹어야 한다는 감각입니다.

온도감각은 온도의 차이를 인지하는 능력입니다.

통각은 고통을 인지하는 감각입니다.

평형감각은 균형을 인지하는 능력입니다.

고유수용성은 자기 몸의 각 부위가 어디에 있는지를 아는 능력입니다. 예를 들어, 눈을 감고 손으로 코를 만질 수 있습니다.

내분비계

내분비계는 몸이 환경 변화에 반응할 수 있도록 도와줍니다. 다양한 분비샘으로 이루어져 있으며, 분비샘은 **호르몬**이라고 하는 화학물질을 핏속으로 내보냅니다. 호르몬은 온몸을 돌아다니며 특정 장기에 효과를 발휘합니다.

뇌하수체: 뇌 아래쪽에 있는 콩만 한 분비샘. 다양한 호르몬을 분비합니다. 예를 들어 유방에서 젖 생산을 촉진하는 호르몬인 프로락틴, 성장과 신진대사를 조절하는 성장호르몬을 분비합니다. 뇌하수체는 다른 분비샘의 활동을 제어하기 때문에 흔히 '주요 분비샘'이라고 불립니다. 예를 들어 뇌하수체 호르몬은 부신, 갑상샘, 난소, 정소에 작용해 다른 호르몬을 만들게 합니다.

갑상샘: 목에 있으며, 티록신과 같은 갑상샘 호르몬을 만듭니다. 갑상샘 호르몬은 신진대사에 영향을 끼칩니다. 어린아이의 경우 성장과 발달에도 영향을 끼칩니다.

췌장: 췌장은 소화액을 만들 뿐만 아니라 혈당 조절을 돕는 인슐린과 글루카곤 같은 호르몬을 분비합니다.

부신: 신장 바로 위에 있으며 신체가 위협에 빠르게 반응할 수 있도록 하는 아드레날린과 혈당 수치와 신진대사에 영향을 미치는 코르티솔 같은 다양한 호르몬을 생산합니다.

난소(여성에게만 있음): 유방과 음모 같은 2차 성징의 특징과 생리, 생식에 영향을 끼치는 호르몬은 에스트로겐을 만듭니다.

정소(남성에게만 있음): 수염과 후두융기 같은 2차 성징의 특징과 정자 생산에 영향을 끼치는 호르몬인 테스토스테론을 만듭니다.

투쟁-도피 반응

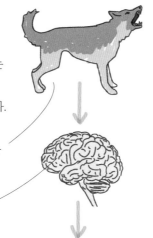

호르몬의 영향은 대부분 장기간에 걸쳐 나타납니다. 하지만 어떨 때는 즉시 효과가 나타나기도 합니다. 투쟁-도피 반응이 좋은 사례입니다.

위협: 위험하거나 긴장을 유발하는 상황을 인지합니다.

뇌: 신호를 처리합니다.

부신: 아드레날린과 코르티솔을 핏속으로 분비합니다.

육체적인 영향: 호르몬의 영향을 받은 몸은 싸워서 방어하거나(투쟁) 도망칩니다(도피).

내분비계와 신경계의 차이

내분비계는 피를 타고 온몸을 도는 호르몬을 통해 특정 조직에 영향을 끼칩니다. 호르몬은 오랫동안 천천히 작용하다가 분해되며, 보통 몸의 넓은 영역에서 반응을 일으킵니다. 이와 달리 신경계는 신경을 통해 근육과 분비샘에 영향을 끼칩니다. 신경 신호는 짧은 시간 동안만 신속하게 작용하며, 몸의 특정 부위만 반응합니다.

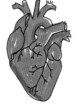

심장 박동과 혈압이 증가합니다. 뇌와 근육 같은 중요한 장기에 피가 더 많이 흘러 들어가며 몸이 행동하려고 준비합니다.

중요한 기관으로 피가 몰리면서 손과 발 같은 말단 부위가 차갑고 둔하게 느껴질 수 있습니다.

소화가 느려집니다. 따라서 몸이 투쟁 또는 도피 반응에 집중할 수 있습니다.

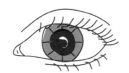

동공이 열리며 더 많은 빛이 눈으로 들어오고 시각이 향상됩니다.

통증 반응이 무뎌집니다. 따라서 부상을 입고도 알아채지 못할 수 있습니다.

긴장을 심하게 하면 방광 조절에 실패할 수도 있습니다.

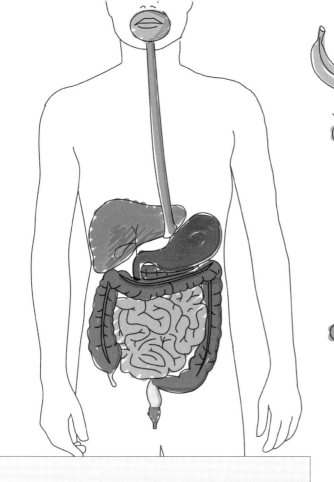

입

입은 소화를 시작하는 곳입니다. 음식을 씹어서 잘게 분해합니다. 미뢰는 음식의 화학 성분을 감지해 소화계의 세포가 소화 효소를 분비하게 만듭니다. 침 속에 든 효소인 아밀레이스는 탄수화물을 화학적으로 소화하기 시작합니다.

식도

식도는 근육으로 이루어진 관입니다. 입과 위를 잇습니다. 근육이 파동처럼 수축하면서 식도 안의 음식을 위로 내려 보냅니다. 이것을 **연동운동**이라고 부릅니다. 위와 장에서도 같은 방식으로 음식을 내려 보냅니다.

위

소화계

사람 성인의 **소화계**는 길이가 9m에 이릅니다. 속한 장기의 종류도 다양하지요. 음식은 소화계를 통과하며 잘게 나뉩니다. 이 과정은 씹는 것과 같은 기계적인 방법, 소화기관에 분비되는 다양한 효소에 의한 화학적인 방법으로 이루어집니다. 우리 몸은 분해한 음식에서 유용한 분자를 흡수해 에너지를 얻습니다. 소화할 수 없는 음식은 밖으로 버립니다.

위는 음식을 저장하고 소화합니다. 잘 늘어나는 이 장기는 최대 2L의 음식과 액체를 저장할 수 있습니다. 위 안쪽에 있는 샘에서 분비되는 위액은 잘게 잘린 음식을 걸쭉하게 만듭니다. 위액에는 염산이 들어 있어 단백질이 풀어지게 하고, 프로테이스라는 효소는 분리된 단백질을 더 작은 분자로 분해합니다.

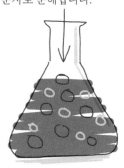

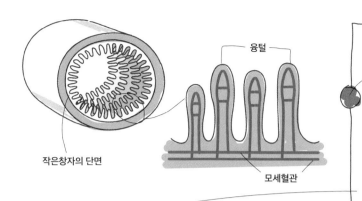

융털

작은창자의 단면

모세혈관

췌장

췌장은 작은창자에 소화액을
분비합니다. 췌장의 소화액에는
지방과 탄수화물, 단백질, DNA
분자를 더 작은 조각으로 나눌 수 있는
소화 효소가 들어 있습니다.

작은창자

그다음으로, 반쯤 소화된 음식은 작은창자로 들어갑니다.
하지만 작은창자는 결코 작지 않습니다! 길이는 7m에
달하고, 그건 큰창자의 4배 길이입니다. 다만 지름이
작습니다. 이곳에서 음식은 간과 췌장의 도움을 받아 더욱
작은 분자로 분해됩니다. 유용한 영양분은 핏속으로 흘러
들어가 몸 안으로 퍼집니다. 작은창자의 안쪽은 융털이라고
하는 작은 돌기로 덮여 있습니다. 융털에는 미세융털이라는
그보다 더 작은 돌기도 나 있습니다. 그래서 소화에
관여하는 표면의 넓이를 늘릴 수 있습니다.

간

간은 작은창자로 **담즙**이라고 하는
탁한 액을 분비합니다. 담즙 속의
분자는 지방을 유화하는(물에 섞이게
하는) 데 도움이 됩니다. 따라서
소화가 더 잘되게 해줍니다.

쓸개

쓸개는 담즙이 작은창자에서
분비되기 전에 저장하고 농축합니다.

충수

충수는 작은 주머니 같은
조직입니다. 면역계에서
어떤 역할을 하고 있다고
추정하고 있습니다.

큰창자

물과 약간의 전해질을
흡수해 피로 보냅니다.
소화되지 않은 음식은
큰창자에서 압축됩니다.

직장

소화되지 않은 음식은 큰창자를
지나 직장에 모입니다. 이
남은 물질이 우리가 배설하는
대변입니다. 직장은 대변을
보관합니다.

항문

항문은 소화계의 마지막
부위입니다. 직장이 외부로 열려
있는 구멍이지요. 적당한 때가 오면
항문을 통해 대변을 배출합니다.

순환계와 호흡계

순환계와 호흡계는 함께 몸속에서 피를 순환시키고, 이산화탄소를 배출하고, 호흡에 필요한 산소를 제공합니다.
순환계는 심장과 혈관, 피로 이루어져 있습니다. 호흡계의 주요 기관은 폐입니다.

심장

심장은 우리 몸에서 매우 중요한 장기로, 심방 두 개와 심실 두 개로 나뉘어 있습니다.
심장의 벽은 근육으로 이루어져 있으며, 이 근육이 수축해서 피를 온몸으로 보냅니다.
심장에는 판막도 있어서 피가 올바른 방향으로 흐를 수 있게 해줍니다.

심장의 원리

1. 산소가 풍부한 피가 폐정맥을 통해 심장으로 들어옵니다. 산소가 부족한 피는 대정맥을 통해 심장으로 들어옵니다.

2. 심방이 수축하며 피를 심실로 밀어냅니다.

3. 심실이 수축하며 산소가 풍부한 피를 대동맥으로, 산소가 부족한 피를 폐동맥으로 밀어냅니다.

4. 피가 동맥을 통해 장기로 흘러갔다가 정맥을 통해 다시 돌아옵니다.

5. 심방에 피가 들어오며 다시 주기가 시작됩니다.

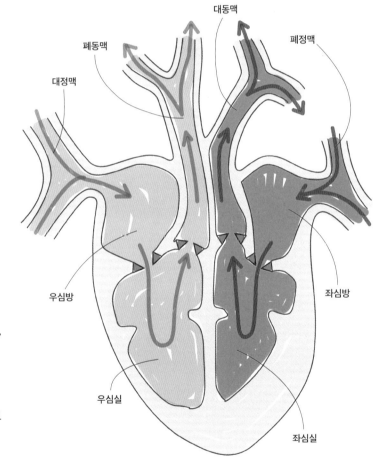

 판막

➡ 산소가 부족한 피

➡ 산소가 풍부한 피

이중순환계

순환계는 서로 이어져 있는 두 가지 순환로로 이루어져 있습니다.

좌심실은 우심실보다 벽이 두껍습니다. 피가 온몸을 돌 수 있도록 더 멀리 보내야 하기 때문입니다.

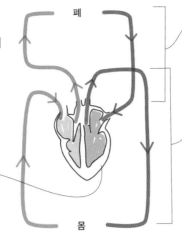

폐순환: 우심실은 산소가 부족한 피를 폐로 보내 산소를 보충하게 합니다. 산소가 풍부해진 피는 다시 심장으로 돌아옵니다.

체순환: 좌심실은 산소가 풍부한 피를 온몸으로 보냅니다. 세포와 장기가 산소를 사용하면 피에는 산소가 부족해집니다. 산소가 부족한 피는 심장을 거쳐 폐로 돌아갑니다.

폐

폐는 기체 교환을 일으킵니다. 순환계는 산소가 부족한 피를 폐에 보내고, 이곳에서 산소를 보충한 피는 심장을 통해 몸으로 돌아갑니다.

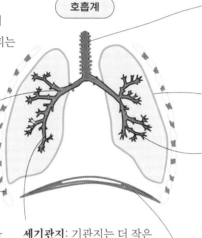

기관(호흡관): 고리 모양의 연골로 보강된 커다란 관. 입과 기관지를 연결합니다.

흉막: 폐에서 공기가 새지 않게 둘러싸고 있는 축축한 막

기관지: 기관지는 두 갈래로 나뉩니다. 기관과 폐를 잇는 주요 통로입니다.

폐포: 기관지의 끝을 이루는 조그만 공기 주머니. 이곳에서 기체 교환이 일어납니다. 산소는 가까운 혈관으로 들어가고, 이산화탄소는 가까운 혈관에서 빠져나옵니다.

늑간근: 수축하거나 이완해 흉곽을 움직이고 호흡을 돕는 근육

세기관지: 기관지는 더 작은 세기관지로 나뉩니다.

횡격막: 수축하거나 이완해 호흡을 돕는 커다란 근육막

혈관

피는 혈관을 타고 온몸을 돌아다닙니다. 혈관에는 세 종류가 있습니다. 모세혈관과 정맥, 동맥입니다.

모세혈관
- 미세한 혈관이 엄청나게 큰 그물망을 이룹니다.
- 벽 두께가 세포 하나 크기 정도로 얇습니다. 그래서 기체 교환이 일어날 수 있습니다.

정맥
- 산소가 부족한(폐정맥은 예외) 피를 낮은 압력으로 몸에서 심장까지 보냅니다.
- 피가 올바른 방향으로 흐를 수 있도록 판막이 있으며, 벽이 얇습니다.
- 피가 쉽게 흐를 수 있도록 통로가 넓습니다.

동맥
- 산소가 풍부한(폐동맥은 예외) 피를 높은 압력으로 심장에서 온몸으로 보냅니다.
- 벽이 두껍고 근육질입니다.
- 압력을 높게 유지할 수 있도록 통로가 좁습니다.

골격계와 근육계

골격계는 뇌와 심장 같은 중요한 장기를 지탱하고 보호합니다. 혈구를 만들기도 하지요.
골격계를 보조하는 건 근육계입니다. 근육계 역시 움직임을 조절하고 자세를 유지하는 역할을 합니다.

사람의 골격

사람의 골격은 200개 이상의 뼈로
이루어져 있습니다. 각각의 뼈는 피를
공급받는 살아 있는 조직입니다.
뼈에는 칼슘과 같은 미네랄이 있어
단단하며 어느 정도 탄성이 있습니다.

두개골: 뇌를 보호합니다.

주요 뼈와 그 기능

등골(등자뼈): 몸에서 가장 작은
뼈. 중이에 있으며, 소리를 뇌에
전달하는 역할을 합니다.

상완골: 팔과 어깨를 이어줍니다.
팔을 움직일 수 있게 해줍니다.

흉골(가슴뼈)과 흉곽: 심장과 폐 같은
내부 장기를 보호합니다.

요골과 **척골**: 아래팔을 이루는
두 뼈. 팔과 손을 이어줍니다.
팔을 움직일 수 있게 해줍니다.

척추: 몸을 지탱하고 상체와
하체를 연결합니다. 안쪽의
신경을 보호합니다.

대퇴골: 몸에서 가장
긴 뼈입니다. 몸무게를
지탱하고 다리를 움직일 수
있게 해줍니다.

골반: 상체를 지탱하고 방광과
생식기관을 보호합니다.

경골(정강이뼈)과 **비골**: 무릎
아래쪽 다리의 두 뼈. 다리와
발을 움직일 수 있게 해줍니다.

슬개골: 무릎 관절을 보호하고 다리를
구부리고 움직일 수 있게 해줍니다.

관절

관절은 뼈를 잇고 골격이 움직일 수 있게 해줍니다. 무릎과 팔꿈치 같은 경첩 관절은 뼈가 앞뒤로 움직일 수 있습니다. 어깨와 고관절 같은 구관절은 뼈가 여러 방향으로 회전할 수 있습니다.

윤활관절

윤활액: 뼈 사이의 마찰을 줄여주는 액체

윤활막: 관절 안쪽을 덮고 있는 연결조직

연골: 질기고 부드러운 물질로 뼈의 끝부분을 덮고 있습니다. 뼈가 닳거나 깨지지 않게 방지합니다.

인대: 뼈와 뼈를 잇는 질긴 연결 조직으로, 관절을 붙잡아줍니다.

근육

근육이 없으면 관절은 움직일 수 없습니다. 근육은 특별한 기능을 가진 조직입니다. 뼈와 근육은 연결 조직의 하나인 **힘줄**로 붙어 있습니다. 근육은 수축해서 뼈를 움직입니다. 보통은 쌍으로 움직입니다.

팔꿈치 관절은 서로 **반대로 작용**하는 두 근육으로 움직입니다. 이두근이 수축하면 삼두근이 이완하고, 이두근이 이완하면 삼두근이 수축합니다.

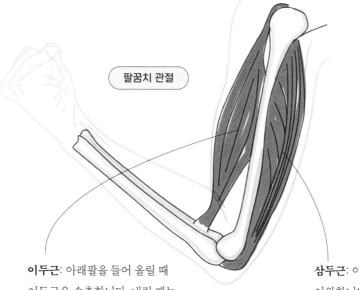

팔꿈치 관절

이두근: 아래팔을 들어 올릴 때 이두근은 수축합니다. 내릴 때는 이두근이 이완합니다.

삼두근: 아래팔을 들어 올릴 때 삼두근은 이완합니다. 내릴 때는 삼두근이 수축합니다.

혈구

큰 뼈에는 **골수**라는 부드러운 조직이 있습니다. 골수는 혈구를 만듭니다. 혈구에는 다음과 같은 종류가 있습니다.

적혈구: 산소를 온몸에 전달하는 세포. 적혈구는 작고, 유연하며, 핵이 없습니다. 납작한 원반처럼 생겼습니다.

백혈구: 면역계를 이루는 다양한 세포로, 질병과 싸우는 일을 합니다.

항상성

자동으로 내부 상태를 일정하게 유지한다.
例 혈당과 체온

조절 센터

신경계와 내분비계.
자극을 감지하고
자동으로 반응한다.

음성 되먹임

변화를 상쇄해 다시 정상으로 되돌린다.
例 체온 조절

인간의 구조와 기능

분비샘에서 피로 호르몬을 분비한다.
호르몬은 장기에 영향을 끼친다.

음식을 분해해 영양분을 흡수하기 위해
많은 장기가 협동한다.

내분비계

소화계

기타 기관계

순환계와 호흡계

피를 온몸으로 보낸다.
호흡에 필요한 산소를 제공한다.
불필요한 이산화탄소를 제거한다.

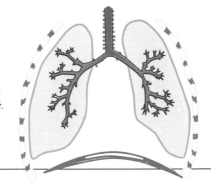

골격계와 근육계

보호와 지지 역할을 한다. 움직일 수 있게 해준다.
골수에서는 혈구가 만들어진다.

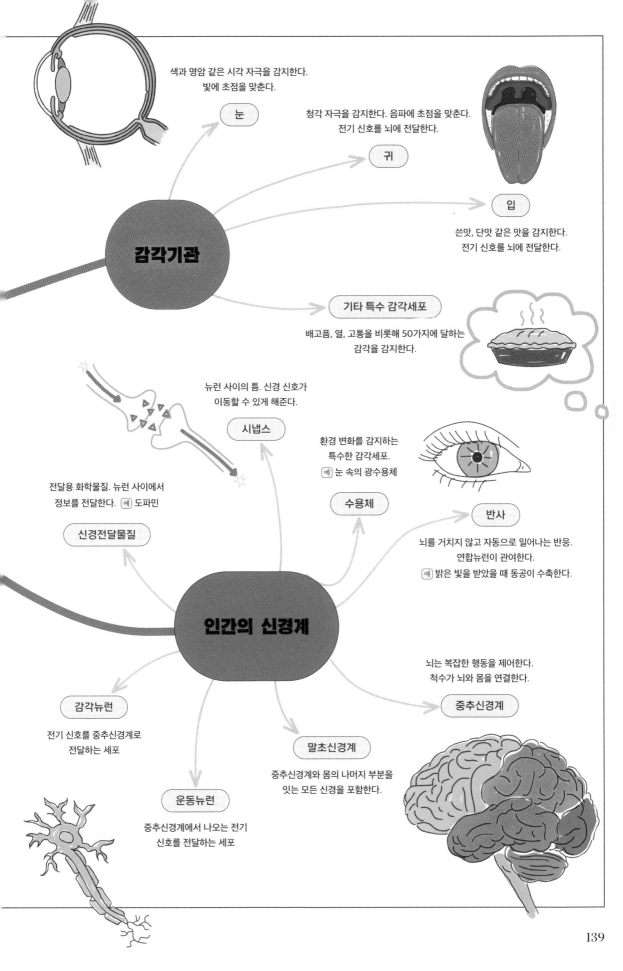

색과 명암 같은 시각 자극을 감지한다.
빛에 초점을 맞춘다.

눈

청각 자극을 감지한다. 음파에 초점을 맞춘다.
전기 신호를 뇌에 전달한다.

귀

입

쓴맛, 단맛 같은 맛을 감지한다.
전기 신호를 뇌에 전달한다.

감각기관

기타 특수 감각세포

배고픔, 열, 고통을 비롯해 50가지에 달하는
감각을 감지한다.

뉴런 사이의 틈. 신경 신호가
이동할 수 있게 해준다.

시냅스

환경 변화를 감지하는
특수한 감각세포.
예) 눈 속의 광수용체

전달용 화학물질. 뉴런 사이에서
정보를 전달한다. 예) 도파민

수용체

반사

신경전달물질

뇌를 거치지 않고 자동으로 일어나는 반응.
연합뉴런이 관여한다.
예) 밝은 빛을 받았을 때 동공이 수축한다.

인간의 신경계

뇌는 복잡한 행동을 제어한다.
척수가 뇌와 몸을 연결한다.

감각뉴런

중추신경계

전기 신호를 중추신경계로
전달하는 세포

말초신경계

중추신경계와 몸의 나머지 부분을
잇는 모든 신경을 포함한다.

운동뉴런

중추신경계에서 나오는 전기
신호를 전달하는 세포

9장

인간의 건강과 질병

사람은 건강하고 행복한 게 최고입니다. 운동을 하고 건강에 좋은
음식을 먹는 긍정적인 생활 방식으로 건강을 유지할 수 있습니다.
병은 미생물 감염, 유전자 오류, 환경 등 여러 가지 원인 때문에
걸릴 수 있습니다. 세계 모든 사람이 평등하게 건강한 생활을 하고
있는 건 아닙니다. 일부 지역 사람들은 다른 지역 사람들보다
건강 상태가 나쁩니다. 다행히 과학자들은 끊임없이 새로운 약과
치료법을 개발해 질병을 예방하고, 치료하려고 노력합니다.
이 장에서는 건강과 질병에 관해 알아보겠습니다.

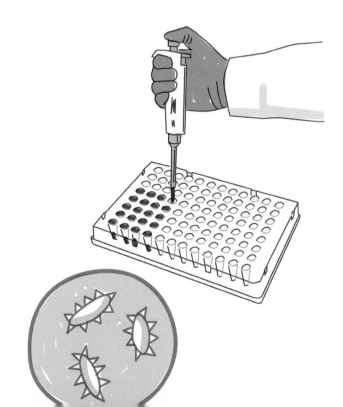

건강 불평등

전 세계 사람들은 자신이 속한 사회에 따라 어쩔 수 없이 서로 다른 건강 관리 수준에 처해 있습니다. 어떤 사람은
자신의 환경 때문에 다른 사람보다 병에 걸릴 가능성이 큽니다. **건강 불평등**은 지리, 교육 등 여러 가지 요인에 따라 달라집니다.

기대수명은 얼마나 살 수 있을지를 나타내는 수치입니다. 태어날 때의 기대수명은 자라난 뒤 건강이 어떨지를
알려줍니다. 기대수명은 나라에 따라 34년까지 차이가 납니다.

어두운 색은 병에
걸릴 위험이 큰 지역.
이곳에 사는 사람은
기대수명이 낮다.

밝은 색은 병에 걸릴
위험이 작은 지역.
이곳에 사는 사람은
기대수명이 높다.

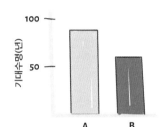

A: 고소득 국가. 예를 들어,
일본의 기대수명은 84세입니다.

B: 저소득 국가. 예를 들어,
시에라리온의 기대수명은
50세입니다.

사하라 이남 아프리카는 질병으로 가장 큰 고통을
받고 있습니다. 빈곤과 기본 자원의 부족 때문입니다.

한 나라 안에서도 건강 불평등이
나타납니다. 예를 들어, 미국의
아프리카계 미국인은 인구의
13%를 차지하지만, 신규 에이즈
감염자의 거의 절반이 이들입니다.

지리적 요인과 사회적 요인은 서로 관련이 있습니다. 매일 1만 6000명의
어린이가 다섯 살 생일을 맞기 전에 죽습니다. 이런 죽음은 대부분
예방할 수 있는 것입니다. 사하라 이남 아프리카에서는 어린이가 죽을
가능성이 14배나 되며, 가난한 시골의 어린이는 도시에 사는 부유한
어린이보다 죽을 가능성이 더 큽니다. 이유는 음식과 깨끗한 물 같은
기본 자원의 부족 그리고 말라리아와 홍역 같은 질병입니다.

전염병

사람과 사람 또는 동물과 사람 사이에서 퍼지는 질병을 **전염병**이라고 합니다. 전염병은 **병원체**, 즉 병을 일으키는 미생물 때문에 생깁니다. 결막염처럼 비교적 경미한 전염병도 있지만, 말라리아 같은 일부 전염병은 심각한 결과를 초래할 수 있습니다.

전염병은 다양한 방식으로 퍼질 수 있습니다.

수두와 같은 병은 병에 걸리지 않은 사람이 감염된 사람과 **직접 접촉**하면 옮을 수 있습니다. 에이즈는 성행위를 통해 퍼질 수 있습니다.

오염된 물질이나 물건과 **간접 접촉**하면 병에 걸릴 수 있습니다. 예를 들어, 마약 중독자가 주사기를 돌려 쓰면서 에이즈가 퍼질 수 있습니다.

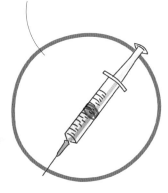

감기에 걸린 사람이 재채기하면 조그만 비말 수천 개가 퍼져 나오면서 **공기 전파**가 이루어집니다. 이런 비말을 다른 사람이 흡입하면 감염될 수 있습니다.

콜레라를 일으키는 세균은 **오염된 물**을 통해 퍼집니다.

살아 있는 유기체가 사람에게 병원체를 전달할 수 있습니다. 예를 들어, 모기처럼 피를 빠는 곤충은 말라리아를 퍼뜨릴 수 있습니다.

전염병의 원인

전염병을 일으키는 병원체는 크게 네 가지가 있습니다. 세균과 균류, 원생동물, 바이러스입니다.

세균

우리 몸에는 수십조 마리의 세균이 있습니다. 대부분은 해롭지 않지만, 일부는 질병을 일으킵니다. 예를 들어, **결핵**은 공기 중에 떠다니는 세균에 감염되어 걸리는 병으로 폐에 영향을 끼칩니다. 세계 곳곳에서 발생해 매년 100만 명 이상의 목숨을 앗아갑니다.

항생제는 세균의 성장을 늦추거나 멈출 수 있습니다. 어떤 항생제는 특정 세균을 공격하고, 어떤 항생제는 폭넓게 세균을 죽입니다. 1920년대에 등장한 이후로 항생제는 수백만 명의 목숨을 구했습니다.

결핵은 항생제로 치료할 수 있습니다. 하지만 이제 세균은 이런 항생제에 점점 더 저항성을 갖추고 있습니다. **항생제 내성**은 폐렴과 임질 등 갈수록 더 많은 감염병을 치료하기 어렵게 합니다. 오늘날 항생제 내성균은 전 세계 보건 활동에 커다란 위협이 되고 있습니다.

균류

약 300종류의 균류가 사람에게 질병을 일으킵니다. 항진균제를 쓰면 이 중 상당수를 치료할 수 있습니다. 예를 들어, 아스페르길루스는 호흡계에 영향을 끼치는 균류 감염증입니다. 증상은 경미한 수준에서 심각한 수준까지 다양하며, 보통 항진균제로 치료할 수 있습니다.

원생동물

원생동물은 다양한 질병을 일으키며, 그중 일부는 치명적입니다. 흔히 원생동물은 매개체를 통해 인간의 몸속으로 들어옵니다. 말라리아가 원생동물 때문에 생기는 병이지요. 말라리아원충은 모기를 통해 사람에게 퍼집니다. 매년 2000만 명 이상이 말라리아에 걸립니다. 말라리아에 걸리면 열과 두통, 한기를 겪으며, 치료하지 않으면 증상이 심해집니다. 한 해에 약 40만 명이 말라리아로 목숨을 잃습니다.

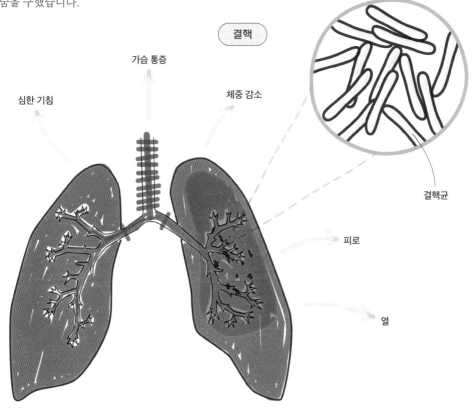

결핵

가슴 통증

심한 기침

체중 감소

결핵균

피로

열

바이러스

바이러스는 살아 있는 세포에 감염됩니다. 바이러스성 질병은 항생제로 치료할 수 없으며, 성공적인 항바이러스제는 매우 드뭅니다. 예를 들어, 코로나 바이러스는 호흡기 감염을 일으키는 바이러스의 일종입니다. 이 중에는 평범한 감기를 일으키는 바이러스처럼 무난한 것도 있지만, 코로나-19를 일으키는 바이러스처럼 치명적인 것도 있습니다.

2020년 사스-CoV-2라는 이름의 바이러스가 세계적인 전염병 대유행을 일으켰습니다. 사스-CoV-2는 코로나-19를 일으킵니다.

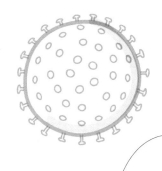

잠복기: 사스-CoV-2가 몸에 침입합니다. 목과 기도, 폐에 있는 세포에서 바이러스의 복제본이 나오며 더 많은 세포가 감염됩니다. 처음에 환자는 아무 증상도 겪지 않지만, 병을 다른 사람에게 퍼뜨릴 수 있습니다. 어떤 사람은 바이러스가 있어도 끝까지 증상을 겪지 않습니다.

경증: 대부분의 감염자는 열, 마른기침, 미각이나 후각 상실 같은 경미한 증상을 경험합니다. 몸에서는 사이토카인이라는 분자가 나와 면역계의 활동을 촉진합니다. 대부분은 1~2주 안에 회복합니다.

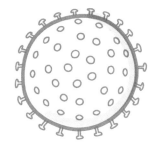

중증: 어떤 사람은 위험한 수준으로 염증이 생깁니다. 폐에서는 염증이 폐렴을 일으킬 수 있습니다. 이런 사람은 숨을 쉬기 위해 인공호흡기가 필요할 수도 있습니다. 때로는 혈전이 생겨 혈전 용해제를 복용해야 하기도 합니다. 많은 사람이 회복하지만, 일부는 폐와 심장, 신장, 뇌와 같은 장기에 쉽게 회복되지 않는 손상을 입습니다.

코로나-19는 다양한 장기에 영향을 끼치며 광범위한 증상을 일으킵니다. 과학자들은 이것이 바이러스가 몸속 세포를 표적으로 삼는 방법 때문일지도 모른다고 추측합니다.

코로나-19 바이러스는 사람의 세포 표면에 있는 ACE-2라는 수용체 단백질에 달라붙습니다. 몸에 침투한 바이러스는 먼저 코와 목, 폐에 있는 ACE-2 수용체와 결합합니다. 그 후 스스로 복제하며 창자와 심장, 신장 같은 다른 장기의 ACE-2 수용체와 결합합니다. 이런 식으로 몸의 여러 부위에 영향을 끼친다고 추정하고 있습니다.

위중: 이 단계까지 오는 사람은 적지만, 무시할 만한 수준은 아닙니다. 몸이 산소를 충분히 받아들이지 못하고 장기가 제대로 기능하지 못합니다. 대유행이 시작되고 불과 6개월 만에 세계에서 60만 명이 코로나-19로 목숨을 잃었습니다.

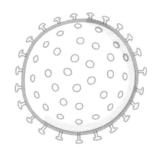

ACE-2 수용체

전염병 예방

전염병이 퍼지지 않게 막는 방법에는 여러 가지가 있습니다.

사회적 거리두기: 코로나-19 대유행 동안 사람들은 서로 접촉을 자제해야 했습니다. 학교가 문을 닫고, 사람들은 집에 머물렀으며, 공공장소에서는 서로 거리를 두었습니다.

격리: 때로는 다른 사람에게 퍼뜨리지 못하도록 감염된 사람을 격리합니다.

위생: 어떤 전염병은 오염된 손으로 얼굴을 만질 때 걸립니다. 정기적으로 손을 씻고 위생에 신경을 쓰면 이를 예방할 수 있습니다.

매개체 통제: 말라리아를 퍼뜨리는 모기는 살충제로 죽일 수 있습니다. 모기장을 쓰면 모기에 물리지 않을 수 있으며, 말라리아 치료제도 병을 통제하는 데 도움이 됩니다.

피임: 콘돔은 체액이 퍼지지 않게 막아 에이즈나 클라미디아 같은 성병을 예방할 수 있습니다.

백신: 백신은 면역계가 병원체를 인식하고 파괴하도록 훈련시킵니다. 전염병 백신을 접종하면 감염되거나 병을 퍼뜨리지 않을 수 있습니다.

충분히 많은 사람이 백신을 맞으면 전염병 발병 수가 적어져 면역이 없는 사람에게도 이익이 됩니다. 이것을 **집단면역**이라고 합니다. 병원체는 쉽게 숙주를 찾지 못해서 결국 사라집니다.

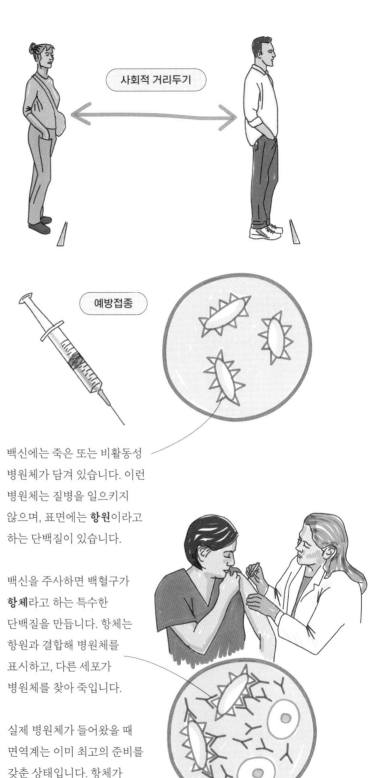

백신에는 죽은 또는 비활동성 병원체가 담겨 있습니다. 이런 병원체는 질병을 일으키지 않으며, 표면에는 **항원**이라고 하는 단백질이 있습니다.

백신을 주사하면 백혈구가 **항체**라고 하는 특수한 단백질을 만듭니다. 항체는 항원과 결합해 병원체를 표시하고, 다른 세포가 병원체를 찾아 죽입니다.

실제 병원체가 들어왔을 때 면역계는 이미 최고의 준비를 갖춘 상태입니다. 항체가 곧바로 병원체를 알아보며, 병원체는 증식해서 증상을 일으키기 전에 잡혀 죽습니다.

사회적 거리두기

예방접종

항체

백혈구

비전염병

전염되지 않는 질병을 **비전염병**이라고 합니다. 이런 병은 사람에서 사람으로 퍼지지 않습니다. 알츠하이머, 당뇨, 암과 같은 비전염병으로 매년 4100만 명이 목숨을 잃습니다. 전 세계에서 일어나는 사망 원인의 약 70%에 해당하지요. 이런 병은 모든 나라의 모든 연령대 사람에게 영향을 끼칠 수 있습니다. 하지만 85%는 저소득과 중간 소득 국가에서 일어납니다.

병으로 인한 때 이른 죽음의 80%는 네 가지 비전염병 때문에 일어납니다. 비전염병은 여러 가지 요인으로 생깁니다. 흔히 여러 가지 요인이 상호작용하며 원인을 알아내기 어려울 정도로 복잡한 증상을 일으키지요.

비전염병의 원인

오류가 있는 유전자를 갖고 태어나면 낫 모양 적혈구 빈혈증과 같은 질병에 걸릴 수 있습니다. 적혈구가 비정상적으로 생겨서 몸에 산소를 공급하는 데 어려움을 겪으며 빈혈과 호흡 곤란 같은 증상으로 이어지지요.

유전이 아니더라도 살면서 **DNA가 손상**을 입을 수도 있습니다. 예를 들어, 자외선이 피부 세포의 DNA를 훼손하면 피부암에 걸릴 수 있습니다. 세포에는 DNA 손상을 복구하는 능력이 있지만, 언제나 완벽하게 복구하지는 못합니다.

비타민과 미네랄 결핍도 구루병과 같은 질병을 일으킵니다. 구루병은 비타민D 부족으로 생기는 뼈 질환입니다. 괴혈병도 비타민C 부족으로 생기는 병입니다.

환경과 생활 습관도 질병을 일으킵니다. 담배를 피우면 폐암에 걸릴 수 있고, 술을 너무 많이 마시면 간 질환에 걸릴 수 있습니다.

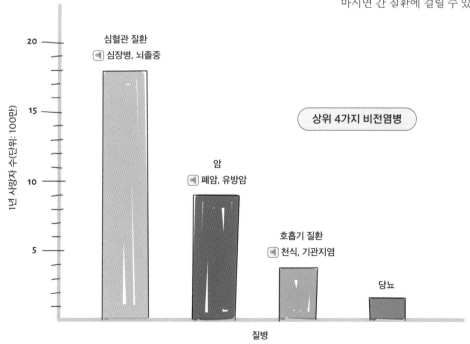

심혈관 질환

심장과 혈관에 영향을 끼치는 질병을 **심혈관 질환**이라고 합니다. 세계적으로 가장 많은 사람의 목숨을 앗아가는 병이지요. 예를 들어, **관상동맥 질환**은 심장에 피를 공급하는 관상동맥이 좁아져서 생깁니다. 그러면 심장마비를 일으킬 수 있습니다.

관상동맥 질환

건강한 동맥을 따라 피가 정상적으로 흐릅니다.

기름진 물질이 동맥 안쪽에 쌓입니다. 지방과 콜레스테롤, 칼슘으로 이루어진 물질입니다. 혈관이 점점 좁아지면서 피가 잘 흐르지 못합니다. 과체중이거나 콜레스테롤 수치가 높은 사람에게 흔히 일어납니다.

스텐트라고 하는 작은 관을 삽입해 동맥을 넓힐 수 있습니다. 그러면 피가 잘 흘러 심장이 계속 뛰는 데 도움이 됩니다.

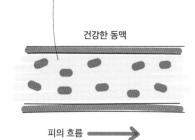
건강한 동맥

피의 흐름

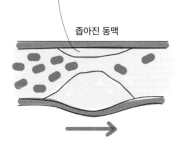
좁아진 동맥

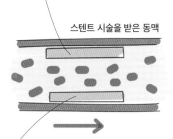
스텐트 시술을 받은 동맥

심혈관 질병 대처법

비수술적 방법   수술적 방법

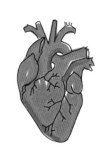

스텐트: 피가 계속 흐를 수 있게 해줍니다.

심장 이식: 손상을 입었거나 망가진 심장을 사망한 기증자에게서 기증받은 건강한 심장으로 바꿉니다. 심장이 심각하게 망가진 경우에만 쓰는 방법입니다.

생활 습관 개선: 건강하고 영양소가 균형 잡힌 음식 먹기, 건강한 체중 유지, 금연, 활발한 육체 활동은 모두 심혈관 질병에 걸릴 위험을 낮춰줍니다.

약 복용: 예를 들어 스타틴을 복용하면 혈중 콜레스테롤 수치를 낮추고 동맥이 막히는 것을 방지할 수 있습니다.

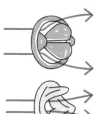
판막 교체: 기계 또는 생체(소나 돼지의 판막) 판막으로 교체할 수 있습니다. 손상된 판막을 교체해 피가 심장 쪽으로 제대로 흐르게 합니다.

암

우리 몸의 세포가 통제할 수 없이 계속 분열하기 시작하면 종양이 생기면서 **암**에 걸립니다. 암의 종류는
200가지가 넘습니다. 암은 폐와 같은 장기, 신경조직과 같은 조직, 면역계와 같은 계에 생길 수 있습니다.
암은 종류에 따라 증상이 다르며 치료 방법도 다릅니다. 암은 세계에서 두 번째로 많은 사망자를 내는 질병입니다.
여섯 건의 사망 중 한 건은 암 때문에 일어납니다. 미국에서는 여성 두 명 중 한 사람, 남성 세 명 중 한 사람이 생애
어느 시점에서는 암에 걸립니다.

암의 종류

종양은 양성이거나 악성입니다.

양성 종양은 천천히 자라며 대개
암이 되지 않습니다. 흔히 막
안에서 자라기 때문에 성장에
제한이 있습니다. 널리 퍼지지
않아 보통은 위험하지 않지만,
크기가 늘어나 문제가 되면
제거해야 할 수도 있습니다.

악성 종양은 빠른 속도로 자라 암이
되며 막 안에 갇혀 있지 않습니다.
피와 림프계를 타고 몸 안의 다른
곳으로 전이할 수도 있습니다.
초기의 종양을 **원발성 종양** 또는
일차성 종양이라고 하며, 전이한
종양을 **이차성 종양**이라고 합니다.

악성 종양은 치료하지 않으면 매우
위험할 수 있습니다.

일차성 종양이 주변 환경에 화학 물질을 분비합니다.

화학물질이 혈관이 종양 쪽으로 자라도록 자극합니다.
혈관이 종양에 산소와 영양분을 공급합니다.

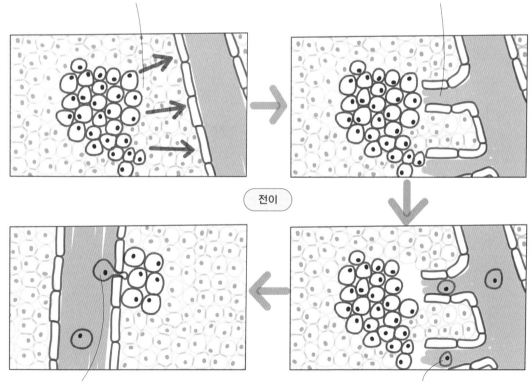

전이

다른 곳에서 암세포가 모세혈관의 벽을 뚫고 나와
분열하기 시작합니다. 이차성 종양이 자라기 시작합니다

암세포가 일차성 종양에서 떨어져 나와 피를 타고
흘러갑니다.

암의 원인

많은 암의 원인을 아직은 잘 모르는 상태지만, 오늘날 과학자들은 유전과 환경 요인이 모두 중요하다고 생각합니다. 보통 여러 가지 요인이 암을 일으키지요. 그래서 암의 원인은 복잡하고 다양합니다.

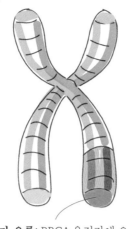

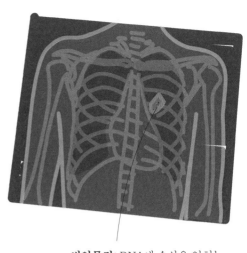

생활 습관: 흡연, 비만, 과도한 음주는 암에 걸릴 가능성을 높입니다.

유전자 오류: BRCA 유전자에 오류가 생긴 사람은 유방암에 걸릴 수 있습니다.

발암물질: DNA에 손상을 입히는 화학물질입니다. 예를 들어, 석면은 폐암을 일으킬 수 있습니다.

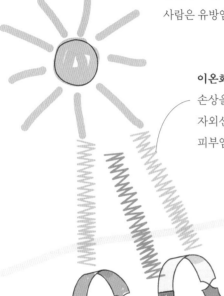

이온화 복사: DNA에 손상을 입힙니다. 예를 들어, 자외선을 너무 많이 쬐면 피부암에 걸릴 수 있습니다.

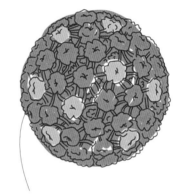

바이러스 감염: 사람에게 생기는 암의 약 15%는 바이러스 감염이 원인입니다. 예를 들어, 인유두종바이러스(HPV)는 자궁암을 일으킬 수 있어 현재는 많은 청소년이 예방접종을 받고 있습니다.

암 치료

암을 치료하는 방법은 다양합니다. 암은 모두 제각기 다르기 때문에 환자에게 가장 적합한 치료법을 선택해야 합니다. 다음은 가장 흔히 쓰이는 치료법입니다.

수술: 암이 생긴 조직을 수술로 제거합니다.

화학 요법: 화학물질을 사용해 암세포가 분열하지 못하게 막습니다. 약을 혈관에 주입합니다. 하지만 세포분열을 하는 건강한 세포까지 죽인다는 부작용이 있습니다. 때때로 암 환자의 머리털이 빠지는 이유입니다. 건강한 세포는 회복되므로 이런 부작용은 일시적입니다.

방사선 요법: 엑스선과 같은 방사선을 집중적으로 쬐어서 암세포를 파괴합니다. 화학 요법과 마찬가지로 방사선 요법도 정상 세포에 영향을 끼칩니다. 치료받는 부위에서 부작용이 일어날 수 있지만, 보통은 일시적입니다.

약과 질병

흔히 약을 써서 질병을 치료합니다. 진통제와 같은 몇몇 약은 증상을 완화하지만, 병을 치료하지는 않습니다.
어떤 약은 질병의 근본 원인을 다룹니다. 예를 들어, 항생제는 감염을 일으키는 세균을 죽입니다.

약의 발견

오늘날 쓰이는 약의 상당수는 식물과 동물, 미생물에서 발견한 것입니다. 하지만 지금은 과학자들이 화학물질을 조합하고 컴퓨터로 모델링해 새로운 약을 개발합니다.

동물에서 얻은 약

청자고둥의 독인 지코노타이드는 심각한 만성 통증을 겪는 환자를 치료하는 데 쓰입니다. 이 약은 모르핀보다 1000배 강력합니다.

미생물에서 얻은 약

1928년 스코틀랜드의 과학자 알렉산더 플레밍은 세균을 죽이는 곰팡이를 발견했습니다. 곰팡이는 페니실린이라는 이름의 물질을 분비했습니다. 10년 뒤 과학자들은 곰팡이에서 페니실린을 추출해서 세균에 감염된 사람을 치료할 수 있다는 사실을 보였습니다. 오늘날에는 다양한 종류의 페니실린이 있으며, 여러 가지 감염병을 치료하는 데 쓰입니다.

컴퓨터 모델링으로 만든 약

과학자들은 유용한 약의 구조를 조사한 뒤 컴퓨터 모델링을 이용해 구조를 살짝 변경해 더 뛰어난 약을 만드는 방법을 연구합니다. 실험실에서 수많은 합성 분자를 시험해 어떤 것이 가장 효과가 좋은지 확인합니다. 유망한 분자가 있다면 더 자세히 연구합니다.

식물에서 얻은 약

중세 시대에 사람들은 두통을 치료하기 위해 비버의 꼬리를 씹었습니다. 그건 비버가 아스피린과 비슷한 화합물이 들어 있는 버드나무를 먹었기 때문에 효과가 있었습니다. 1897년 독일의 화학자 펠릭스 호프만은 최초로 아세틸살리실산, 즉 아스피린을 합성했습니다. 오늘날 아스피린은 세계에서 가장 널리 쓰이는 약 중 하나입니다.

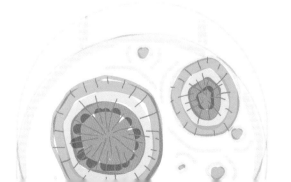

신약 개발

신약 개발은 비용이 대단히 많이 들며 힘든 일입니다.
크게 세 단계로 이루어집니다.

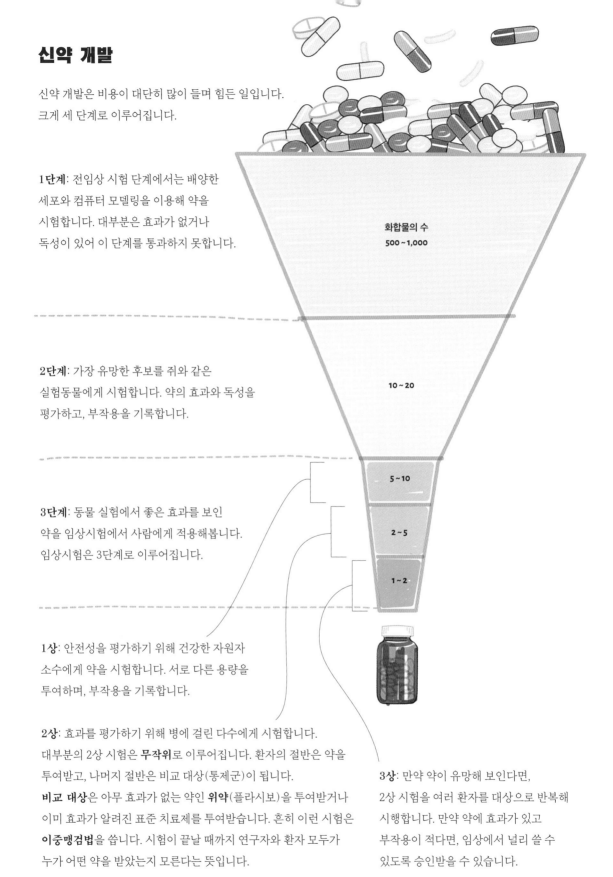

1단계: 전임상 시험 단계에서는 배양한
세포와 컴퓨터 모델링을 이용해 약을
시험합니다. 대부분은 효과가 없거나
독성이 있어 이 단계를 통과하지 못합니다.

화합물의 수
500 ~ 1,000

2단계: 가장 유망한 후보를 쥐와 같은
실험동물에게 시험합니다. 약의 효과와 독성을
평가하고, 부작용을 기록합니다.

10 ~ 20

3단계: 동물 실험에서 좋은 효과를 보인
약을 임상시험에서 사람에게 적용해봅니다.
임상시험은 3단계로 이루어집니다.

5 ~ 10

2 ~ 5

1 ~ 2

1상: 안전성을 평가하기 위해 건강한 자원자
소수에게 약을 시험합니다. 서로 다른 용량을
투여하며, 부작용을 기록합니다.

2상: 효과를 평가하기 위해 병에 걸린 다수에게 시험합니다.
대부분의 2상 시험은 **무작위**로 이루어집니다. 환자의 절반은 약을
투여받고, 나머지 절반은 비교 대상(통제군)이 됩니다.
비교 대상은 아무 효과가 없는 약인 **위약**(플라시보)을 투여받거나
이미 효과가 알려진 표준 치료제를 투여받습니다. 흔히 이런 시험은
이중맹검법을 씁니다. 시험이 끝날 때까지 연구자와 환자 모두가
누가 어떤 약을 받았는지 모른다는 뜻입니다.

3상: 만약 약이 유망해 보인다면,
2상 시험을 여러 환자를 대상으로 반복해
시행합니다. 만약 약에 효과가 있고
부작용이 적다면, 임상에서 널리 쓸 수
있도록 승인받을 수 있습니다.

생활 습관과 건강

질병의 원인은 복잡합니다. 많은 요인으로 병에 걸리지만, 대부분 질병은 막을 수 있습니다.
병에 걸리지 않고 건강하게 살 수 있는 방법에는 여러 가지가 있습니다.

위험 요인

병에 걸릴 확률을 높인다면 무엇이든 **위험 요인**이 될 수 있습니다. 어떤 위험 요인은 불가항력적입니다. 피할 수 없다는 뜻입니다. 하지만 우리가 바꿀 수 있는 요인도 있습니다.

위험 요인은 주로 비전염병과 관련이 있지만, 전염병과도 관련이 있을 수 있습니다.

예를 들어, 만약 누군가가 영양 부족 상태라면, 면역계가 약해져 바이러스 감염에 취약해질 수 있습니다.

불가항력적 요인

유전자 오류: 낭성섬유증은 물려받은 유전자 하나에 있는 오류 때문에 생깁니다.

성별: 여성은 남성보다 유방암에 걸릴 가능성이 더 큽니다.

연령: 알츠하이머병은 주로 나이 든 사람이 걸립니다.

여러 위험 요인이 복합적으로 작용해 한 가지 질병을 일으키기도 합니다. 예를 들어, 흡연과 육체 활동 부족, 나쁜 식습관, 비만, 나이, 가족력은 모두 심혈관 질환과 관련이 있는 위험 요인입니다.

바꿀 수 있는 요인: 생활 습관

흡연: 폐암과 심혈관 질환을 일으키는 위험 요인입니다.

비만: 당뇨와 심혈관 질환, 암을 일으키는 위험 요인입니다.

음주: 중독과 간질환, 심혈관 질환을 일으키는 위험 요인입니다.

육체 활동 부족: 뇌졸중과 당뇨, 심혈관 질환을 일으키는 위험 요인입니다.

안전하지 않은 성관계: 성병에 걸릴 수 있는 위험 요인입니다.

바꿀 수 있는 요인: 환경

더러운 물: 설사와 콜레라, 이질을 일으키는 위험 요인입니다.

오염 물질 노출: 석면과 같은 오염 물질에 노출되면 폐암과 호흡기 질환에 걸릴 수 있습니다.

위험 요인과 어떤 질병 사이에 연결 고리나 상관관계가 있다고 해서 반드시 그 위험 요인이 그 병을 일으키는 건 아닙니다. 일단 연결 고리가 생기면 과학자들은 원인을 밝히기 위해 계속해서 연구합니다.

건강하게 살기

건강을 유지하고 병에 걸릴
위험을 줄일 수 있는 여러 가지
방법이 있습니다. 정기적으로
운동하고, 담배를 피우지 않으며,
술을 적당히 마시고, 몸에 좋은
음식을 먹고 적당한 몸무게를
유지하는 일 등이 있지요.

체질량지수(BMI)는 사람의
몸무게가 정상 범위인지를
가늠하는 데 쓰는 수치입니다.

BMI	분류
30 이상	비만
25~30	과체중
19~25	정상
19 미만	저체중

BMI=몸무게(kg)/키(m)의 제곱. 따라서 어떤 사람의 몸무게가 40kg이고
키가 1.5m라면, BMI는 40/2.25=17.7이다. 살짝 저체중에 해당한다.

영양

몸이 필요한 영양분을 모두 얻어
효율적으로 움직일 수 있도록
건강한 음식을 먹는 건 중요합니다.

지질(지방과 기름): 버터, 식용유,
견과류에 들어 있습니다. 체온을
보존해줍니다. 몸에 저장해둘 수
있는 유용한 에너지원입니다.

비타민: 과일, 채소, 유제품에 들어
있습니다. 세포가 적절히 기능하기
위해서는 소량 섭취해야 합니다.

식이섬유: 채소, 곡물,
견과류에 들어 있습니다.
창자에서 음식을 움직이는 데
도움이 됩니다.

탄수화물: 시리얼,
감자, 파스타, 빵, 쌀에
들어 있습니다. 좋은
에너지원입니다.

단백질: 고기, 생선,
달걀, 콩, 유제품에 들어
있습니다. 성장과 손상
복구에 쓰입니다.

미네랄: 소금, 우유(칼슘), 간(철분)에 들어 있습니다.
세포가 적절히 기능하기 위해서는 소량 섭취해야 합니다.

물: 물, 과일, 주스, 우유 등으로 섭취할 수
있습니다. 체액을 유지하고 세포를 건강하게
만드는 데 필요합니다.

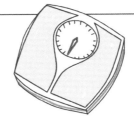

✓ 다시 보기

체질량지수

몸무게가 정상 범위인지
판단하는 데 쓰인다.
BMI=몸무게/키의 제곱

건강 불평등

집단 사이에서 보이는 건강
수준의 차이인데 없앨 수
있다. 지리, 수입, 연령, 성별,
교육의 영향을 받는다.

영양

탄수화물, 단백질, 비타민, 미네랄 등을
균형 있게 먹어야 한다.

인간의 건강과 질병

전임상과 동물 시험에서 광범위한
임상시험까지 거친다.
임상시험은 무작위 이중맹검법을 쓴다.

신약 개발

위험 요인

비만과 흡연 등. 서로 상호작용한다.
병에 걸릴 확률을 높인다.

약

발견

과거에는 식물, 미생물, 동물에서 찾았다.
점점 컴퓨터 모델링을 많이 활용한다.

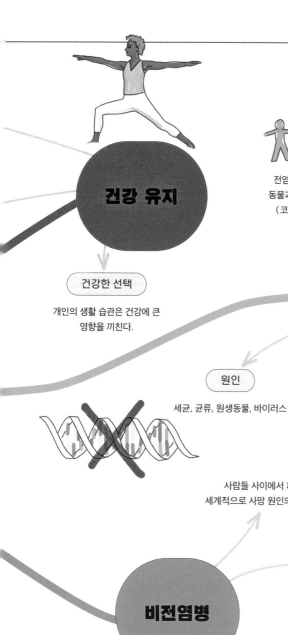

건강 유지

전염병은 사람과 사람 또는
동물과 사람 사이에서 퍼진다.
(코로나-19, 말라리아 등)

공기, 접촉(직접과 간접),
물, 매개체

전파

전염병

건강한 선택

개인의 생활 습관은 건강에 큰
영향을 끼친다.

원인

세균, 균류, 원생동물, 바이러스

치료와 예방

치료제, 위생, 사회적 거리두기,
격리, 매개체 통제, 백신

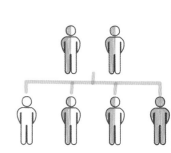

사람들 사이에서 퍼지지 않는다.
세계적으로 사망 원인의 70%를 차지한다.

원인

유전자 오류, DNA 손상,
결핍, 환경과 생활 습관

비전염병

심혈관 질환

관상동맥 심장병처럼 심장과
혈관에 영향을 끼친다. 약물과
수술로 치료한다. 건강한 생활
습관으로 예방할 수 있다.

암

종양은 양성 또는 악성이다. 원인으로는
유전자 오류, 발암물질, 이온화 복사,
바이러스 감염 등이 있다. 치료법으로는
수술, 화학 요법, 방사선 요법 등이 있다.

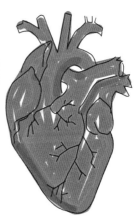

10장

생태학

생명체는 홀로 살아가지 않습니다. 다른 생명체, 물리적 환경과
상호작용하며 살아갑니다. 생태학은 이런 생태계를 연구하는
학문입니다. 모든 생명체가 서로 어떻게 연결되어 있는지,
생태계의 어느 한 부분에서 일어난 변화가 어떻게 커다란 반향을
일으키는지를 우리에게 가르쳐줍니다. 생명체는 복잡한 먹이
그물 안에 존재합니다. 그곳에서는 경쟁이 활발하게 일어나지만,
생명체는 환경에 적응해 제각기 특징을 갖춘 채 생존하고
번식합니다. 한편, 질소와 탄소 같은 중요한 화학물질은 전
지구적으로 순환하며 생명체가 살아갈 수 있게 해줍니다. 이런
복잡한 관계와 재순환 과정을 엿보러 떠나볼까요?

생태계

모든 생명체는 생태계의 일부입니다. **생태계**는 생명체 군집과 생명체가 살아가는 물리적 환경으로 이루어져 있습니다. 생태계의 종류는 산호초, 사막, 도시, 초원 등으로 다양합니다.

군집은 두 마리 이상의 유기체로 이루어집니다. **집단**은 어느 특정 지역에 사는 어떤 종의 모든 개체를 말합니다. 생태계는 둘 이상의 서로 다른 집단과 환경 사이의 상호작용입니다.

아마존 우림

생태계는 러시아 인형과 같습니다. 생태계 안에는 계속해서 그보다 작은 생태계가 들어 있기 때문입니다.

숲에는 나무가 있습니다. 나무 한 그루는 그 자체로 생태계입니다. 나무는 물리적 환경에 의존해 태양빛과 물, 영양분을 얻습니다. 그리고 새와 곤충처럼 나무에서 사는 유기체와 상호작용합니다.

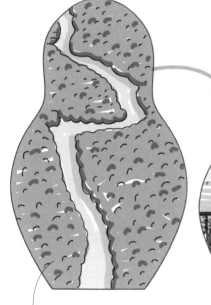

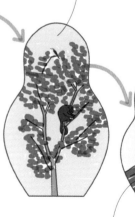

아마존 우림의 넓이는 550만km²로, 세계에서 가장 넓은 열대우림입니다. 아마존 우림을 생태계로 볼 수 있습니다.

아마존 우림은 단순한 숲 이상입니다. 그 안에는 초원과 늪 같은 다양한 서식처가 있습니다. 이들 역시 생태계로 볼 수 있습니다.

가위개미는 잎을 잘라 집으로 나릅니다. 개미 한 마리 한 마리는 그 자체로 생태계입니다. 개미는 물리적 환경에 의존해 온기와 먹이를 찾으며, 다른 유기체와 상호작용합니다. 예를 들어, 새와 파충류는 개미를 잡아먹습니다. 개미의 창자 속에는 세균이 삽니다.

상호의존

모든 생명체는 연결되어 있습니다. 그리고 생태계 속에서 사는 유기체는 모두 서로 의존하고 있습니다. 이것을 **상호의존**이라고 부릅니다. 아무리 작은 부분이 변하는 거라 해도 생태계 다른 곳에서는 커다란 반향이 울릴 수 있다는 뜻입니다.

식물은 동물에 의존합니다. 동물은 식물의 수분을 돕고 씨앗을 퍼뜨립니다. 동물의 똥은 식물의 영양분이 되고, 동물이 죽어서 썩으면 땅을 비옥하게 해 식물이 잘 자라게 합니다.

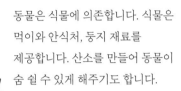

동물은 식물에 의존합니다. 식물은 먹이와 안식처, 둥지 재료를 제공합니다. 산소를 만들어 동물이 숨 쉴 수 있게 해주기도 합니다.

먹이사슬

먹이사슬은 생명체가 어떻게 먹이를 얻는지, 영양분과 에너지가 한 유기체에서 다른 유기체로 어떻게 전달되는지를 보여줍니다.

예를 들어, 해달은 성게, 켈프와 간단한 먹이사슬을 공유합니다. 먹이사슬은 생산자와 소비자로 이루어져 있습니다.

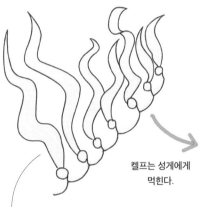

켈프는 성게에게
먹힌다.

성게는 해달에게
먹힌다.

해달은 또 다른 소비자입니다. 성게를 먹고 살기 때문에 **2차 소비자**가 됩니다.

켈프는 **생산자**입니다. 생산자는 먹이사슬의 가장 바닥에 있는 식물입니다. 태양 에너지로 광합성해 물과 이산화탄소를 포도당으로 바꿉니다. 이 포도당은 식물이 자라게 하고, 먹이사슬의 위쪽에 있는 다른 유기체에게 영양분을 제공합니다.

성게는 **소비자**입니다. 소비자는 다른 유기체를 먹는 유기체입니다. 여기서 성게는 **1차 소비자**입니다.

다른 동물을 사냥해 잡아먹는 동물을 **포식자**라고 합니다. 사냥당해 잡아먹히는 동물을 **피식자**라고 합니다.

먹이 그물

사실 생명은 먹이사슬 하나로 나타낼 수 있을 정도로 단순하지 않습니다.
실제로는 먹이사슬이 서로 얽혀서 복잡한 **먹이 그물**을 형성합니다.
먹이 그물은 다양한 생명체가 서로 어떻게 이어져 있는지를 보여줍니다.
먹이 그물의 한 부분에 변화가 생기면 다른 곳도 변합니다. 해달과 성게,
켈프는 먹이사슬을 이루지만, 그건 단지 훨씬 더 큰 먹이 그물의 작은
부분일 뿐입니다.

이 그림에서 해달은 먹이
그물의 최상단에 있으므로
최상위 포식자입니다.

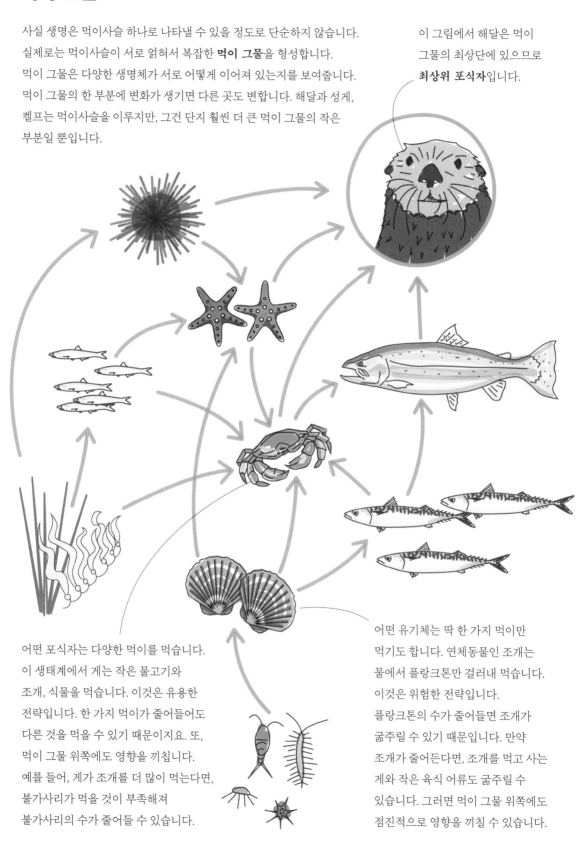

어떤 포식자는 다양한 먹이를 먹습니다.
이 생태계에서 게는 작은 물고기와
조개, 식물을 먹습니다. 이것은 유용한
전략입니다. 한 가지 먹이가 줄어들어도
다른 것을 먹을 수 있기 때문이지요. 또,
먹이 그물 위쪽에도 영향을 끼칩니다.
예를 들어, 게가 조개를 더 많이 먹는다면,
불가사리가 먹을 것이 부족해져
불가사리의 수가 줄어들 수 있습니다.

어떤 유기체는 딱 한 가지 먹이만
먹기도 합니다. 연체동물인 조개는
물에서 플랑크톤만 걸러내 먹습니다.
이것은 위험한 전략입니다.
플랑크톤의 수가 줄어들면 조개가
굶주릴 수 있기 때문입니다. 만약
조개가 줄어든다면, 조개를 먹고 사는
게와 작은 육식 어류도 굶주릴 수
있습니다. 그러면 먹이 그물 위쪽에도
점진적으로 영향을 끼칠 수 있습니다.

생명체에 끼치는 환경의 영향

생물은 매우 다양한 서식지에서 살아갑니다. 따라서 그곳 환경의 영향을 크게 받지요.
생물적 요인과 **비생물적 요인**은 개체와 개체가 속한 군집에 큰 영향을 끼칩니다.

생물적 요인

먹이: 생물은 먹이를 먹어 에너지를 얻습니다. 먹이가 풍부할 때 유기체는 성공적으로 자라 번식합니다. 먹이가 부족하면 생존과 번식 사이에서 타협해야 합니다. 이 연못의 물고기는 먹을 수 있는 곤충과 애벌레가 많아서 잘 살고 있습니다.

병원체: 생물은 병원체가 일으키는 질병에 걸릴 수 있습니다. 만약 어떤 집단이 과거에 특정 병원체를 접한 적이 없다면, 면역이 없어 치명적인 결과가 생길 수 있습니다. 이 정원의 연못에 다른 곳에서 잡아 온 올챙이를 풀어주는 건 결코 좋은 생각이 아닙니다. 병을 옮길 수 있거든요.

포식자: 어떤 환경에 새로운 포식자가 나타나면 생태계가 급격히 바뀔 수 있습니다. 만약 근처에 고양이 한 마리가 새로 나타난다면, 이 연못 속의 물고기를 잡아먹을 수 있습니다.

경쟁: 때때로 생물은 먹이와 영역 같은 자원을 놓고 서로 경쟁합니다. 예를 들어, 이 연못에 있는 수련은 개구리밥과 공간을 두고 서로 경쟁합니다.

무생물적 요인

물: 동물과 식물은 물이 있어야 생존할 수 있습니다. 선인장과 낙타 같은 몇몇 일부 생물은 물이 부족한 환경에서 생존할 수 있도록 적응했고, 물고기와 수련은 물이 풍부한 환경에 적응했습니다.

빛: 동물과 식물은 모두 빛에 반응합니다. 식물은 광합성에 빛이 필요하기 때문에 동굴이나 해저 같은 어두운 환경에서는 잘 자라지 못합니다. 어떤 식물은 밝은 빛에서 자라도록 적응했고, 어떤 식물은 그늘진 곳에서도 살아남습니다. 빛의 세기는 동물에게도 영향을 끼칩니다. 예를 들어, 개구리는 봄에 낮이 길어지면 알을 낳습니다.

흙의 pH와 미네랄: 흙의 pH에 따라 자랄 수 있는 식물의 종류가 다릅니다. 이 정원의 흙은 알칼리성입니다. 그래서 라벤더가 잘 자랍니다. 미네랄 역시 중요합니다. 식물은 질산염이 있어야 단백질을 만들고, 마그네슘이 있어야 엽록소를 만들 수 있습니다.

온도: 식물은 온도가 낮은 곳에서는 잘 자라지 못합니다. 예를 들어, 북극 지역의 식물은 풍성하지 못하고 작습니다. 이것은 식물을 먹고 사는 동물에게 문제가 됩니다. 그래서 추운 지역에는 동물이 많이 살지 않습니다. 그러면 다른 동물을 먹고 사는 육식동물의 수도 적을 수밖에 없습니다. 이 연못에서는 온도가 낮은 겨울 동안 성장이 잘 이루어지지 않습니다.

기체: 식물은 이산화탄소를 이용해 광합성을 합니다. 그리고 동물은 산소가 있어야 호흡할 수 있습니다. 예를 들어, 물고기는 물속의 산소 농도에 아주 민감합니다.

바람: 식물은 바람의 세기와 방향에 영향을 받습니다. 바람이 강한 지역에 사는 식물은 그에 따른 유용한 특징을 갖도록 진화했습니다. 이 정원에 사는 식물은 잎이 작고 좁아서 증산작용 때 수분 손실을 줄일 수 있습니다.

적응

생명체는 생존에 도움이 되는 특징을 갖고 있습니다. 이것은 **적응의 결과**입니다.
생명체는 지구의 다양한 생태계에 적응해 살아가고 있습니다.

적응의 종류

적응에는 크게 세 가지 종류가
있습니다.

• **구조적 적응**: 크기, 형태,
유기체의 색과 같은
물리적인 특징

• **행동 적응**: 생존에 도움이 되는
유기체의 반응. 예를 들면 짝짓기,
이주, 먹이 찾기

• **기능적 적응**: 유기체가
생존하는 데 도움이 되는 신체
기능. 예를 들면 신진대사의 변화
또는 특이한 분자를 만드는 능력

동물의 적응 살펴보기: 북극곰

북극곰은 추운 북극 지역에 살 수 있도록 여러 가지 특별한 방식으로
적응했습니다.

북극곰은 물속에서 3분까지 숨을 참을 수 있습니다. 덕분에 물속에서
몰래 먹이를 향해 다가갈 수 있지요(기능적 적응).

북극곰은 눈 속에 굴을 판 뒤 그곳에 새끼를 낳아 돌봅니다(행동 적응).

어미 북극곰은 8개월까지 먹지 않고 견딜 수 있습니다. 그래서 임신
기간과 새끼를 돌보는 동안 굴 속에서 버틸 수 있습니다(기능적 적응).

두꺼운 체지방 층이 추위를
막아줍니다(구조적 적응).

부피 대 표면적 비율이
낮아서 열을 보존하는 데
유리합니다(구조적 적응).

길고, 날카롭고, 구부러진 발톱은
먹이를 죽여서 잡아먹는 데
도움이 됩니다(구조적 적응).

발바닥에는 작은 돌기가
있어 얼음에서 미끄러지지
않습니다(구조적 적응).

북극곰은 헤엄을 잘 쳐서 먹이를
추적해 잡을 수 있습니다(행동 적응).

식물의 적응 살펴보기
: 브로멜리아드

대부분의 식물은 뿌리를 이용해 흙에서 영양분과 물을 얻습니다. 하지만 어떤 브로멜리아드는 다른 방식을 사용합니다. 다른 식물 위에서 자라지요. 이런 브로멜리아드의 뿌리는 흙에 닿아 있지 않습니다.

물에 이끌려 작은 곤충이 날아옵니다. 곤충은 올챙이의 먹이가 됩니다. 올챙이 배설물과 썩은 곤충은 식물의 영양분이 됩니다.

높은 줄기 위에 피어난 밝은 색의 꽃은 나방과 벌새 같은 수분 매개자를 끌어들입니다 (구조적 적응).

잎의 아랫부분은 빗물이 고여 작은 연못이 됩니다. 나무개구리가 이곳에 알을 낳고, 올챙이가 태어납니다 (구조적 적응).

잎은 미세한 털로 덮여 있어서 떨어지는 빗물을 재빨리 흡수합니다 (구조적 적응).

많은 브로멜리아드는 열대의 나무 꼭대기에서 자랍니다. 그래야 광합성에 필요한 밝은 햇빛을 받을 수 있습니다.

어떤 브로멜리아드는 특이한 형태의 광합성을 이용합니다. 낮 동안에는 물 손실을 줄이기 위해 기공을 닫았다가 밤에는 이산화탄소를 얻기 위해 엽니다. 대부분의 식물과는 반대입니다 (기능적 적응).

극한 생물의 적응

극단적인 환경에서 생존하는 유기체는 **극한 생물**이라고 합니다. 보통 희한한 특징을 지니고 있습니다.

• 짧은뿔둑중개라는 이름의 남극 물고기는 얼지 않는 단백질을 만들어 차가운 얼음물에서도 살 수 있습니다.

• 어떤 세균은 사해처럼 염분이 매우 많은 환경에서 삽니다. 이들은 삼투 현상으로 물을 잃지 않고 보존할 수 있도록 적응했습니다.

• 캥거루쥐는 태양 빛을 피하고, 아주 고농축된 오줌을 누며, 최대한 물을 재흡수하면서 물을 마시지 않고도 뜨거운 사막에서 살아갑니다.

경쟁

종은 다양한 방식으로 다른 종과 관계를 맺습니다. 흔히 자원을 놓고 서로 경쟁을 벌이지요. 서로 다른 종에 속한 개체끼리 경쟁할 때는 **종간경쟁**이라고 합니다. 같은 종에 속한 개체끼리 경쟁할 때는 **종내경쟁**이라고 하고요. 때때로 이런 상호작용은 양쪽에 이익이 되기도 하고, 어떤 때는 한쪽에게만 이익이 되기도 합니다.

식물의 경쟁

식물은 빛과 물, 공간, 영양분을 두고 서로 경쟁합니다. 예를 들어, 커다랗고 키가 큰 식물은 물과 미네랄 같은 자원을 대량으로 사용합니다. 그러면 큰 식물의 그늘에 있는 작은 식물은 자라기 어려워집니다. 동물과 달리 식물은 서로 싸우거나 도망칠 수 없습니다. 그래서 다양한 방식으로 적응해 경쟁하고 있습니다.

성장: 어떤 식물은 가능한 한 광합성을 많이 할 수 있도록 표면적이 넓은 커다란 잎을 갖고 있습니다. 한편 이 부들레아와 같은 식물은 잎이 작지만, 길고 모양이 제멋대로입니다. 그래서 더 많은 빛을 받을 수 있습니다.

꽃: 어떤 식물은 서로 다른 시기에 꽃을 피워 경쟁을 피합니다. 예를 들어, 데이지와 같은 식물은 낮이 길어서 광합성에 필요한 빛을 더 많이 받을 수 있는 늦봄과 여름에 꽃을 피웁니다. 담배와 같은 일부 식물은 나방과 같은 야행성 곤충이 수분을 도울 수 있도록 밤에 꽃을 피웁니다.

씨앗 뿌리기: 어떤 식물은 씨앗이 특이하게 생겨서 바람이나 동물을 이용해 멀리 퍼뜨릴 수 있습니다. 예를 들어, 민들레의 가볍고 폭신한 씨앗은 바람을 타고 멀리 날아갑니다.

화학 전쟁: 어떤 식물은 독성 물질을 흙에 분비해 자신의 영역을 방어합니다. 쐐기풀과 같은 어떤 식물은 가시에 포름산이 들어 있어 초식동물이 먹기 어렵게 만듭니다.

동물의 경쟁

동물은 영역과 먹이, 물, 짝을 두고 서로 경쟁합니다. 새가 노래를 불러 영역을 지키는 것처럼 비교적 평화롭게 경쟁할 때도 있습니다. 하지만 어떨 때는 서로 대립하며 격렬하게 경쟁합니다. 예를 들어, 미어캣은 자신의 영역을 지키기 위해 다른 집단에 속한 미어캣을 죽이기도 합니다.

짝짓기 경쟁

어떤 동물은 짝을 구하기 위해 서로 싸웁니다. 예를 들어, 수컷 붉은사슴은 서로 뿔로 싸웁니다. 어떤 동물은 좀 더 평화롭게 해결합니다. 예를 들어, 수컷 무희새는 암컷의 눈에 띄기 위해 복잡한 춤을 추며 과시합니다. 가장 춤을 잘 춘 수컷이 암컷을 얻습니다.

먹이 경쟁

먹이 경쟁은 아주 흔합니다. 예를 들어, 사자와 점박이 하이에나는 아프리카 평원에서 서로 경쟁합니다. 둘은 서로 싸우고, 훔치고, 때로는 상대방의 새끼를 죽입니다.

어떤 동물은 한 가지 먹이만 먹습니다. 예를 들어, 판다는 거의 대나무만 먹습니다. 먹이가 부족해지면 살기 어려워지기 때문에 까다로운 입맛은 위험한 전략입니다.

어떤 동물은 다양한 먹이를 먹습니다. 예를 들어, 코요테는 쥐와 들쥐, 새, 식물을 비롯한 다양한 먹이를 먹습니다. 먹이를 다양하게 먹는 동물은 먹이가 부족한 시기에도 생존할 가능성이 더 큽니다.

영역 경쟁

영역에는 짝과 먹이, 물과 같은 중요한 자원이 있습니다. 그래서 어떤 동물은 매우 적극적으로 영역을 지킵니다. 예를 들어, 수컷 코끼리바다물범은 자신이 거느리는 암컷들이 사는 해변을 방어합니다. 영역을 방어하는 데 성공하면 그곳에 있는 모든 암컷과 짝짓기할 수 있습니다.

기생과 상리공생

기생도 상호작용의 한 가지 형태입니다. **기생생물**은 숙주라 부르는 다른 유기체에 달라붙거나 안에 들어가 삽니다. 기생생물은 숙주에게서 원하는 것을 얻지만, 숙주는 여기서 아무 이익도 얻지 못합니다. 예를 들어, 이와 모기, 벼룩, 흡혈박쥐는 모두 기생생물입니다.

혀를 먹는 기생충은 아가미를 통해 물고기 안으로 들어갑니다. 혀에 달라붙어서 혈관을 잘라내 혀가 떨어져 나가게 만듭니다. 그러면 물고기의 입 안에서 혀 대신 자리를 잡고 살면서 숙주의 피를 빨아 먹습니다.

촌충은 척추동물의 소화계 안에서 삽니다. 소화기관이 없기 때문에 숙주에게서 필요한 영양분을 얻습니다. 사람에 기생하는 촌충은 길이가 15m에 이릅니다. 촌충의 알은 숙주의 똥에 섞여 밖으로 나가 다른 숙주를 감염시킵니다.

때로는 두 종이 밀접한 관계를 통해 각자 이익을 얻습니다. 이런 현상을 **상리공생**이라고 합니다.

꿀벌은 꽃을 찾아가 먹이인 꿀을 얻습니다. 그때 꽃가루가 꿀벌에 달라붙어 다른 식물로 이동할 수 있습니다. 꿀벌이 식물의 생식을 돕는 것이지요.

손전등 물고기는 눈 아래에 생체발광을 하는 세균으로 가득한 특수한 기관이 있습니다. 세균은 물고기에게서 영양분을 얻고, 물고기는 빛을 이용해 먹이를 끌어들이고 짝에게 신호를 보냅니다.

핵심종

어떤 유기체는 환경에 특히 큰 영향을 끼칩니다. 그런 생물은 **핵심종**이라고 합니다. 이들은 다른 종이 번성할 수 있는 기회를 제공하기 때문에 중요합니다. **생물다양성**은 특정 서식지에 얼마나 다양한 종이 살고 있는지를 이야기하는 개념입니다. 핵심종은 생물다양성을 강화해 줍니다. 생태계에서 핵심종이 사라지면 생태계는 사라지거나 급격히 변할 수 있습니다. 늑대와 코끼리, 해달 등이 핵심종입니다.

옐로스톤 국립공원의 늑대

보존운동가들은 핵심종의 가치를 깨달았습니다. 옐로스톤 국립공원의 늑대는 핵심종 하나만 도입해도 생물다양성이 좋아질 수 있다는 사실을 보여줍니다.

늑대가 없을 때

20세기 초 옐로스톤 국립공원에서는 늑대가 절멸했습니다.

늑대가 있을 때

1995년 옐로스톤 국립공원에 늑대를 다시 들여왔습니다. 지금까지도 계속 살고 있습니다.

늑대

잡아먹는다.

엘크 개체수가 폭발적으로 늘어났습니다.

엘크 개체수가 줄어들었습니다. 초식동물들은 늑대에게 둘러싸여 먹힐 수 있는 계곡과 골짜기를 피해야 한다는 사실을 배웠습니다.

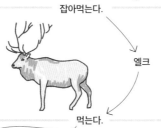

엘크

먹는다.

나무가 심각하게 피폐해졌습니다.

그 지역에서 사시나무와 버드나무가 다시 자라기 시작했습니다.

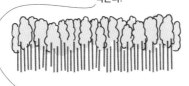

사시나무와 버드나무 등의 낙엽수가 댐을 지을 재료를 제공한다.

비버의 수가 줄어들어 비버가 만드는 댐이 적어졌습니다. 수가 줄어들었습니다.

나무가 풍성해지자 비버가 돌아왔습니다. 수가 늘어났습니다.

비버

아래 동물의 서식지를 만든다.

생물다양성이 나빠졌습니다.

생물다양성이 좋아졌습니다.

어류, 양서류, 파충류

원소의 지구적 순환

모든 생물은 탄소와 질소, 산소, 수소와 같은 똑같은 기본 원소로 이루어져 있습니다. 이런 원소는 저절로 생겨나지 않습니다. 생물과 환경 사이에서 끊임없이 순환하지요. 탄소와 물, 질소는 각기 다른 방식으로 순환합니다.

탄소 순환

탄소 순환은 탄소 원자가 계속해서 움직이는 전 지구적인 과정입니다.
탄소는 대기에서 생물과 땅으로 갔다가,
다시 대기로 돌아갑니다.

공기 중의
이산화탄소

광합성: 태양 빛을 이용해 이산화탄소와 물을 포도당과 산소로 바꿉니다. 환경에서 탄소가 사라집니다.

동물의 호흡: 탄소가 이산화탄소의 형태로 환경으로 돌아갑니다.

녹색식물 속의 탄소화합물

식물의 호흡: 포도당과 산소가 이산화탄소와 물, 에너지로 바뀝니다. 탄소가 환경으로 돌아갑니다.

동물 속의
탄소화합물

먹이: 식물에 갇혀 있던 탄소가 식물을 먹는 동물의 몸으로 이동합니다.

죽어서 부패함

부패

죽음과 부패는 지구적 재순환의 중요한 요소입니다. 생명체는 죽으면 분해되면서 탄소와 질소 같은 유용한 화학물질을 환경에 돌려줍니다. 구더기와 균류, 세균과 같은 살아 있는 유기체가 이 과정을 담당합니다. 이런 생물을 분해자라고 합니다.

연소: 화석연료를 태우면 이산화탄소와 에너지가 나옵니다. 탄소가 이산화탄소의 형태로 환경으로 돌아갑니다.

부패 속도

생물마다 분해되고 부패하는 속도가 다릅니다. 예를 들어, 어둡고 추운 동굴 속의 시체는 몇 세기 동안 남아 있을 수 있습니다. 하지만 뜨거운 아프리카 평원에 그대로 남겨진 새끼 사자의 시체는 몇 주 만에 뼈만 남을 겁니다. 부패 속도는 온도, 물의 양, 산소의 양을 비롯한 다양한 요소의 영향을 받습니다.

화석 연료 속의 탄소화합물

온도

분해자는 효소를 이용해 큰 분자를 작게 쪼갭니다. 따뜻한 온도는 효소의 활성을 높여 분해 속도를 더 빠르게 합니다. 그러나 온도가 너무 높으면 효소의 3D 구조가 망가지면서 물질에 결합하지 못하게 됩니다. 부패가 느려지거나 멈추지요. 아주 추운 곳에서도 부패가 느려집니다.

화석연료 생산: 수백만 년에 걸쳐 죽은 동식물이 석탄과 석유로 바뀌었습니다. 이런 화석연료에는 탄소가 풍부합니다.

물

습한 환경에서는 부패가 더 빨리 일어납니다. 물이 분해자가 먹이를 소화하도록 돕고 먹이가 말라붙지 않게 해주기 때문입니다.

미생물 호흡: 탄소가 이산화탄소의 형태로 환경으로 돌아갑니다.

산소

대부분의 분해자는 호기성입니다. 먹이를 작게 쪼개는 분해 작용을 하는 데는 산소가 필요하다는 뜻입니다. 그래서 산소가 풍부한 환경에서는 분해 과정이 더 빨리 일어납니다.

죽어서 부패함

죽은 유기체 속의 탄소화합물

물 순환

물 순환은 물이 계속해서 움직이는 전 지구적인 과정입니다. 물이 강과 바다를 거쳐 다시 대기로 돌아갔다가 비로 내리는 과정 덕분에 지상의 동식물이 깨끗한 물을 얻을 수 있습니다.

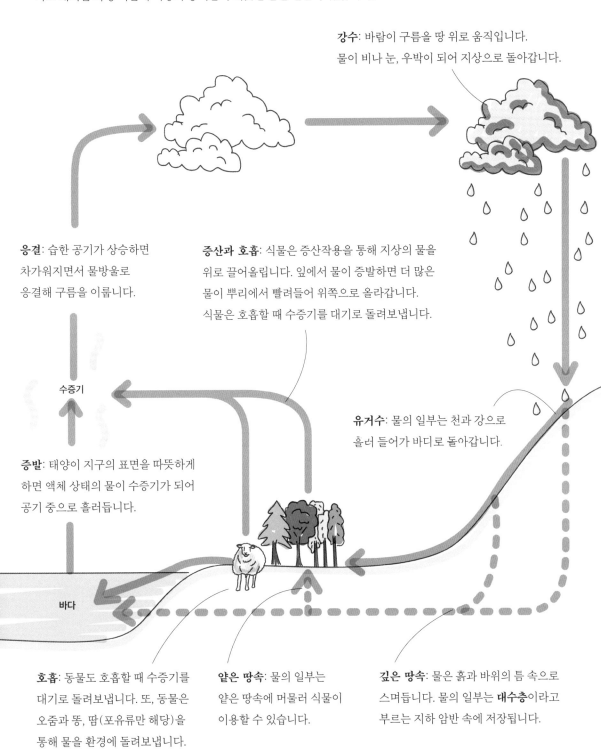

강수: 바람이 구름을 땅 위로 움직입니다. 물이 비나 눈, 우박이 되어 지상으로 돌아갑니다.

응결: 습한 공기가 상승하면 차가워지면서 물방울로 응결해 구름을 이룹니다.

증산과 호흡: 식물은 증산작용을 통해 지상의 물을 위로 끌어올립니다. 잎에서 물이 증발하면 더 많은 물이 뿌리에서 빨려들어 위쪽으로 올라갑니다. 식물은 호흡할 때 수증기를 대기로 돌려보냅니다.

수증기

유거수: 물의 일부는 천과 강으로 흘러 들어가 바다로 돌아갑니다.

증발: 태양이 지구의 표면을 따뜻하게 하면 액체 상태의 물이 수증기가 되어 공기 중으로 흘러듭니다.

바다

호흡: 동물도 호흡할 때 수증기를 대기로 돌려보냅니다. 또, 동물은 오줌과 똥, 땀(포유류만 해당)을 통해 물을 환경에 돌려보냅니다.

얕은 땅속: 물의 일부는 얕은 땅속에 머물러 식물이 이용할 수 있습니다.

깊은 땅속: 물은 흙과 바위의 틈 속으로 스며듭니다. 물의 일부는 **대수층**이라고 부르는 지하 암반 속에 저장됩니다.

질소 순환

질소 순환은 질소가 계속해서 움직이는 전 지구적인 과정입니다. 질소는 생명체가 단백질과 DNA를 만드는 데 쓰이기 때문에 중요합니다. 지구 대기의 약 80%는 질소지만, 생물은 기체 상태의 질소를 그대로 사용할 수 없습니다. 대기 중의 질소는 생물이 이용할 수 있는 형태로 바뀌어야 하지요. 질소 순환은 질소 원자가 유기체와 환경 사이를 순환하는 것을 말합니다.

탈질화: 질산염이 질소 기체로 바뀝니다. 이 과정은 탈질화 세균이 관여합니다. 탈질화 세균은 혐기성이라 산소가 필요하지 않습니다. 즉, 물에 잠긴 흙에서도 잘 살 수 있다는 뜻입니다.

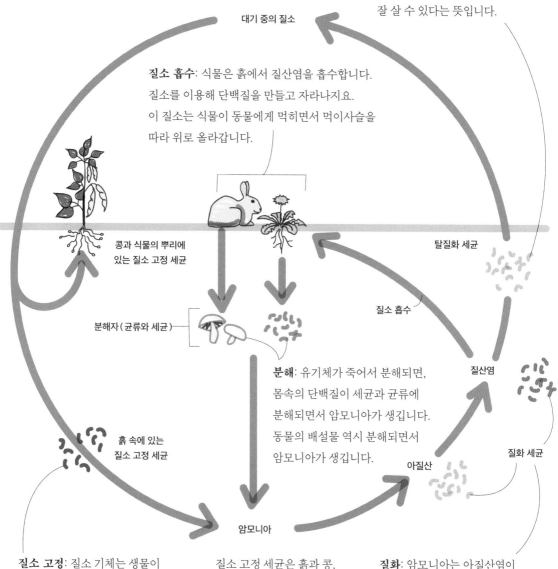

질소 흡수: 식물은 흙에서 질산염을 흡수합니다. 질소를 이용해 단백질을 만들고 자라나지요. 이 질소는 식물이 동물에게 먹히면서 먹이사슬을 따라 위로 올라갑니다.

대기 중의 질소

콩과 식물의 뿌리에 있는 질소 고정 세균

분해자 (균류와 세균)

탈질화 세균

질소 흡수

분해: 유기체가 죽어서 분해되면, 몸속의 단백질이 세균과 균류에 분해되면서 암모니아가 생깁니다. 동물의 배설물 역시 분해되면서 암모니아가 생깁니다.

질산염

질화 세균

흙 속에 있는 질소 고정 세균

아질산

암모니아

질소 고정: 질소 기체는 생물이 사용할 수 있는 형태로 바뀝니다. 이 과정은 질소 고정 세균이 관여합니다. 질소 고정 세균은 호기성이므로 산소가 필요합니다.

질소 고정 세균은 흙과 콩, 완두콩, 클로버 같은 콩과 식물의 뿌리에서 찾을 수 있습니다.

질화: 암모니아는 아질산염이 되었다가 질산염이 됩니다. 이 과정은 질화 세균이 관여합니다. 질화 세균은 호기성이므로 산소가 필요합니다.

✓ 다시 보기

생명체 군집과 주변의
물리적 환경

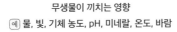

무생물이 끼치는 영향
예 물, 빛, 기체 농도, pH, 미네랄, 온도, 바람

생물이 끼치는 영향
예 경쟁, 먹이, 병원체, 포식자

무생물적 요인

생물적 요인

생명체에 끼치는 환경의 영향

생태학

탄소는 대기와 지상,
생물 사이를 순환한다.

탄소 순환

대기 중의 질소는 사용할 수 있는
형태로 바뀌었다가 돌아온다.

질소 순환

유기체가 보이는 반응
예 이주와 먹이 찾기

행동 적응

원소의 지구적 순환

물 순환

물은 하늘과 땅,
바다를 여행한다.

구조적 적응

육체적인 특징
예 크기, 형태, 색

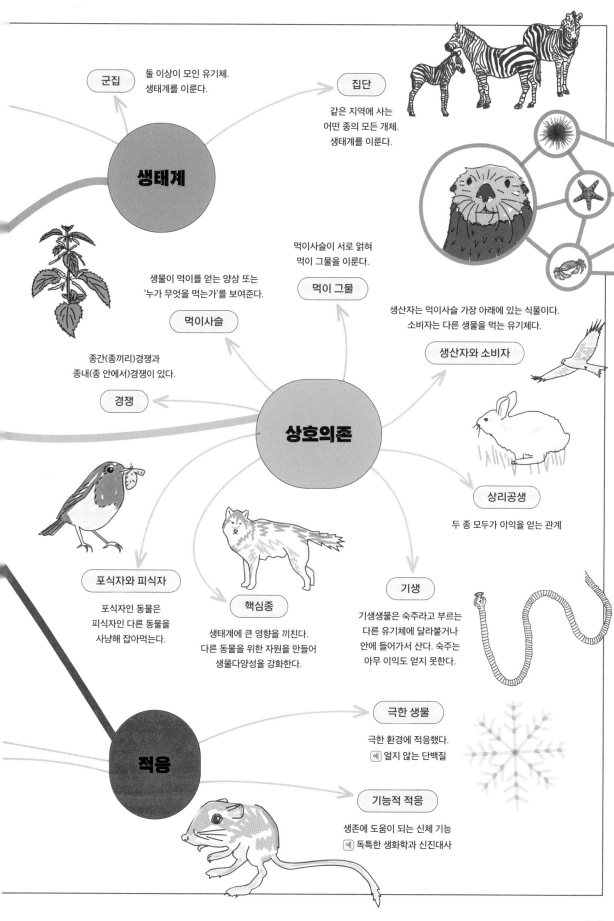

군집
둘 이상이 모인 유기체.
생태계를 이룬다.

집단
같은 지역에 사는
어떤 종의 모든 개체.
생태계를 이룬다.

생태계

먹이사슬이 서로 얽혀
먹이 그물을 이룬다.

먹이 그물

생물이 먹이를 얻는 양상 또는
'누가 무엇을 먹는가'를 보여준다.

먹이사슬

생산자는 먹이사슬 가장 아래에 있는 식물이다.
소비자는 다른 생물을 먹는 유기체다.

생산자와 소비자

종간(종끼리)경쟁과
종내(종 안에서)경쟁이 있다.

경쟁

상호의존

상리공생
두 종 모두가 이익을 얻는 관계

포식자와 피식자
포식자인 동물은
피식자인 다른 동물을
사냥해 잡아먹는다.

핵심종
생태계에 큰 영향을 끼친다.
다른 동물을 위한 자원을 만들어
생물다양성을 강화한다.

기생
기생생물은 숙주라고 부르는
다른 유기체에 달라붙거나
안에 들어가서 산다. 숙주는
아무 이익도 얻지 못한다.

극한 생물
극한 환경에 적응했다.
예 얼지 않는 단백질

적응

기능적 적응
생존에 도움이 되는 신체 기능
예 독특한 생화학과 신진대사

173

11장

21세기의 생물학

오늘날의 지구는 불과 몇백 년 전과 비교해도 매우 다릅니다. 숲은 사라졌고, 원소의 전 지구적 순환은 혼란을 겪고 있습니다. 엄청난 양의 이산화탄소가 대기로 흘러나왔고, 드넓은 땅이 농업에 쓰이고 있습니다. 여기에는 대가가 따릅니다. 오늘날 지구는 점점 따뜻해지고 있고, 많은 생물이 멸종을 향해 가고 있습니다. 그리고 인간이 생존을 위해 의존해야 하는 생태계가 나날이 더 큰 위기에 처하고 있습니다. 이 장에서는 이 문제를 살펴보고, 지구를 구하는 데 도움이 되는 몇 가지 방법을 알아보겠습니다.

인류세

지구에는 70억 명 이상이 살고 있습니다. 그리고 그 수는 계속 늘어나고 있습니다. 인간의 활동은 지구를 완전히 바꾸어 놓았습니다. 오늘날 과학자들은 지구가 너무 많이 달라져 현 지질시대에 새로운 이름을 붙여야 한다고 생각합니다. 그 이름이 바로 **인류세**로, '인간의 시대'라는 뜻입니다.

1만 년 전에는 농장이나 도시가 없었습니다. 지금은 전 세계에서 얼음에 덮이지 않은 땅의 3분의 2를 사람이 사용하고 있습니다.

우리가 땅을 관리한 방법은 커다란 반향을 가져왔습니다. 지구에 있는 열대우림의 절반(약 800만km²)이 파괴되었습니다.

열대우림은 산소를 생산하고 증발을 통해 대기에 물을 공급해 지구의 물 순환을 유지하는 역할을 합니다.

또한, **탄소흡수원**이기도 합니다. 대기에서 이산화탄소를 흡수한다는 뜻입니다. 사람이 계속해서 대량의 이산화탄소를 대기로 뿜어내는 이 시기에 열대우림을 파괴하는 건 위험을 자초하는 행위입니다.

숲과 서식지 파괴는 모두 생물다양성을 나쁘게 만듭니다. 식물이 사라지고, 동물은 서식지를 잃고 있습니다. 그 결과 살아남은 동물은 점점 더 사람과 밀접하게 접촉하게 되고, 이는 갈등으로 이어집니다.

과학자들은 숲이 파괴되면 동물 질병이 종을 건너뛰어 사람을 감염시킬 가능성도 커진다고 생각하고 있습니다.

목재와 기타 용도로 쓰이는 숲(20%)

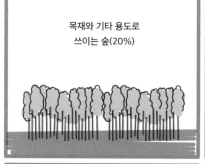

동물이 풀을 뜯는 초원과 관목 지대(16%)

목초지(19%)

작물 재배(12%)

숲(9%)

숲 이외의 생태계(7%)

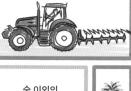

기타(12%)

(세계의 토지 활용)

━━━━ 사람이 사용하는 땅

╍╍╍╍ 자연 그대로의 땅

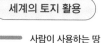
인공림(2%)

공장형 농업(2%)

도시 및 기반시설(1%)

지구 위험 한계선

과학자들은 기후 변화와 생물다양성 감소를 비롯해 아홉 가지 중요한 현상을 강조했습니다.
이 지구를 건강하고 우리가 살 수 있는 곳으로 유지하기 위해서는 이 현상을 지구 위험 한계선 또는
안전 영역 경계선 안에 유지해야 합니다. 하지만 오늘날 이 중 네 가지가 이미 깨지고 말았습니다.
우리가 지구에서 계속 살려면 세계 모든 사람이 하나가 되어 노력해야 합니다.

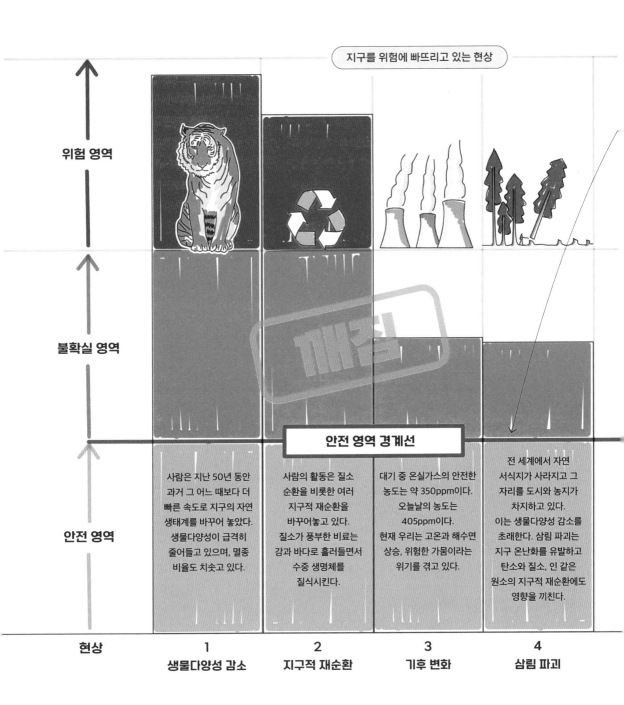

지구를 위험에 빠뜨리고 있는 현상

위험 영역

불확실 영역

안전 영역

안전 영역 경계선

현상	**1** 생물다양성 감소	**2** 지구적 재순환	**3** 기후 변화	**4** 삼림 파괴
	사람은 지난 50년 동안 과거 그 어느 때보다 더 빠른 속도로 지구의 자연 생태계를 바꾸어 놓았다. 생물다양성이 급격히 줄어들고 있으며, 멸종 비율도 치솟고 있다.	사람의 활동은 질소 순환을 비롯한 여러 지구적 재순환을 바꾸어놓고 있다. 질소가 풍부한 비료는 강과 바다로 흘러들면서 수중 생명체를 질식시킨다.	대기 중 온실가스의 안전한 농도는 약 350ppm이다. 오늘날의 농도는 405ppm이다. 현재 우리는 고온과 해수면 상승, 위험한 가뭄이라는 위기를 겪고 있다.	전 세계에서 자연 서식지가 사라지고 그 자리를 도시와 농지가 차지하고 있다. 이는 생물다양성 감소를 초래한다. 삼림 파괴는 지구 온난화를 유발하고 탄소와 질소, 인 같은 원소의 지구적 재순환에도 영향을 끼친다.

우리는 이런 경계를 확실히 인식해야 합니다. 경계를 알면 위험한 활동을
멈추고, 미래의 변화에 대비하며, 자원을 적절히 배분해 쓸 수 있습니다.

이런 현상은 모두 서로 연관되어 있습니다. 따라서 어느 한 현상이 변하면
다른 곳에서도 변화가 생깁니다. 예를 들어, 기후 변화는 해양 산성화를
일으켜 해양 생물을 위험에 빠뜨리고 생물다양성 감소를 초래합니다.

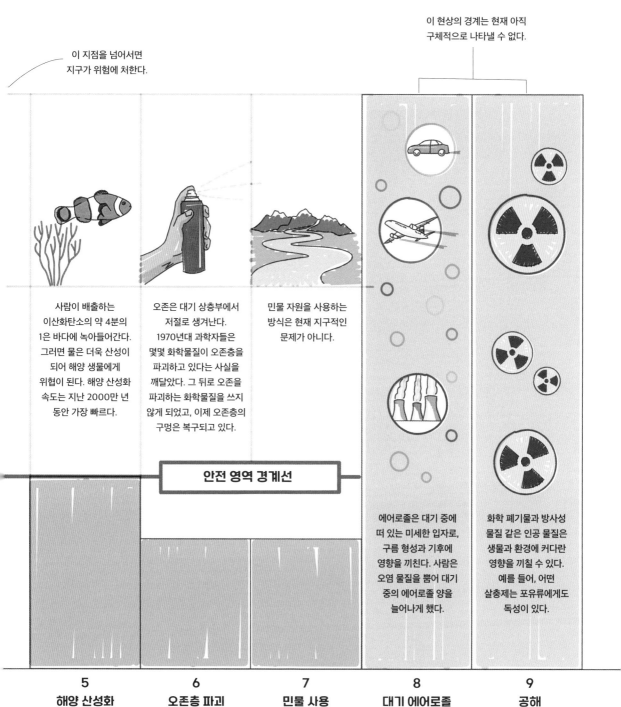

이 현상의 경계는 현재 아직
구체적으로 나타낼 수 없다.

이 지점을 넘어서면
지구가 위험에 처한다.

사람이 배출하는
이산화탄소의 약 4분의
1은 바다에 녹아들어간다.
그러면 물은 더욱 산성이
되어 해양 생물에게
위험이 된다. 해양 산성화
속도는 지난 2000만 년
동안 가장 빠르다.

오존은 대기 상층부에서
저절로 생겨난다.
1970년대 과학자들은
몇몇 화학물질이 오존층을
파괴하고 있다는 사실을
깨달았다. 그 뒤로 오존을
파괴하는 화학물질을 쓰지
않게 되었고, 이제 오존층의
구멍은 복구되고 있다.

민물 자원을 사용하는
방식은 현재 지구적인
문제가 아니다.

안전 영역 경계선

에어로졸은 대기 중에
떠 있는 미세한 입자로,
구름 형성과 기후에
영향을 끼친다. 사람은
오염 물질을 뿜어 대기
중의 에어로졸 양을
늘어나게 했다.

화학 폐기물과 방사성
물질 같은 인공 물질은
생물과 환경에 커다란
영향을 끼칠 수 있다.
예를 들어, 어떤
살충제는 포유류에게도
독성이 있다.

5	6	7	8	9
해양 산성화	오존층 파괴	민물 사용	대기 에어로졸	공해

온실효과

온실효과는 유리 온실이 열을 안에 가두어놓듯이 지구 대기가 태양에서 오는 열을 가두어놓는 현상을 말합니다. 수백만 년 동안 온실효과는 우리에게 좋은 현상이었습니다. 지구를 따뜻하게 해 생명체가 번성할 수 있는 환경을 만들어주었거든요. 그러나 이제 사람의 활동이 자연스러운 온실효과를 바꾸어놓고 있습니다. 이산화탄소와 다른 온실가스를 대기 중에 배출하면서 지구의 대기는 점점 더 많은 열을 가두고 있습니다. 이것은 지구온난화로 이어집니다.

우주

우주는 지구 대기권을 벗어난 우주 공간 전부를 말합니다. 이곳은 기체가 없는 진공입니다. 태양에서 지구 대기권까지의 거리는 약 1억 5000만km입니다.

1
태양 빛

4
반사된 적외선

3
반사된 태양 빛

5
대기권에 갇힌 적외선

2
적외선

대기권

대기권은 지구를 둘러싸고 있는 기체층입니다. 두께는 약 480km입니다.

산업화 이전

산업화 이전 시대에 대기 중 온실가스의 농도는 대체로 안정적이었습니다. 지구의 온도는 조금씩 바뀌었지만, 전반적으로는 상당히 일정했습니다.

지구

1 태양은 지구의 주요 에너지원입니다. 태양 빛은 우주와 지구의 대기권을 뚫고 날아옵니다.

2 태양 빛이 지구에 닿으면 지구 표면이 따뜻해집니다. 이때 적외선 형태로 열이 발생합니다.

3 대기권의 구름이 태양 빛의 일부를 우주로 반사합니다.

4 지구 표면이 적외선을 우주로 반사합니다.

5 온실가스가 지구에서 반사된 적외선의 일부를 가둡니다. 그 결과 지구가 더 따뜻해집니다.

6 온실가스 농도가 높아지면서 우주로 반사되는 적외선의 양이 줄어들고 대기권에 붙잡히는 적외선이 늘어납니다. 이것은 지구 표면의 온도를 높입니다.

3 반사된 태양 빛

6 반사되는 적외선이 줄어든다.

6 더 많은 적외선이 붙잡힌다.

산업화 이후

산업혁명 이후 화석 연료의 수요가 치솟았습니다. 에너지를 얻기 위해 화석 연료를 태우자 이산화탄소가 대기 중으로 흘러나갔습니다. 그 결과 대기 중의 온실가스 농도가 높아지면서 지구 온난화와 현재의 기후 위기로 이어졌습니다.

기후 변화

지난 200년 동안 대기 중의 이산화탄소 농도는 3분의 1 정도 증가했습니다.
이는 탄소 순환을 교란하고 온실효과를 악화해 기후 변화로 이어집니다.

온실가스의 원천

지구 대기의 주요 온실가스는 이산화탄소와 메탄,
아산화질소, 오존입니다. 이런 온실가스는
화산 활동과 같은 자연 현상과 여러 가지 인간의
활동으로 생겨납니다.

 전기와 난방(25%)

 농업과 대지 사용(20%)

 산업(18%)

 운송(14%)

 기타 에너지(10%)

 음식물 쓰레기(7%)

 건물(6%)

기후 변화의 증거

기온: 역사상 가장 더웠던 해 상위
20위가 모두 지난 22년 사이에
있었습니다. 가장 더웠던 해
1~4위는 2015~2018년이었습니다.

빙하 융해와 해수면 상승: 빙하는
1900년대 초부터 급격하게 녹고
있습니다. 빙하가 녹으면 해수면이
높아집니다. 지난 100년 동안 지구의
평균 해수면 높이는
19cm 증가했습니다.

빙하 코어: 빙하 코어를 조사하면
수십만 년 전까지 연간 기온을
알아낼 수 있습니다. 그 결과 최근
들어 급격하게 따뜻해지고 있다는
사실을 확인했습니다.

계절 변화: 지구 여러 곳에서
계절의 변화가 생기고 있습니다.
예를 들어, 봄이 빨리 오고 겨울이
점점 따뜻해집니다.

해양 산성화: 바다가 더 많은
이산화탄소를 흡수하면서 점점
산성이 되고 있습니다. 바다
표층수는 산업혁명의 시작 이후로
30% 정도 산성이 강해졌습니다.

기후 변화의 결과

오늘날 지구는 산업혁명 이전 시대보다 약 1℃ 더 따뜻합니다. 그리고 세계의 기온은 계속해서 오르고 있습니다. 이렇게 얼마 안 되는 온도 변화도 환경에 엄청난 영향을 끼칠 수 있습니다.

분쟁: 기후 패턴이 변하고 자원이 부족해지면 분쟁이 더 자주 발생합니다. 2007년 수단의 다르푸르에서 벌어진 분쟁은 최초의 기후 변화 분쟁으로 불립니다.

해수면 상승: 2100년까지 해수면이 2m 이상 오를 수 있습니다.

빙하 융해: 북극의 얼음은 45년 전과 비교해 65% 얇아졌습니다.

식량과 물: 가뭄과 흉작 때문에 많은 지역에서 물과 식량이 부족해집니다.

극단적인 기후: 열파와 가뭄, 홍수가 더 많이 일어납니다. 열대 폭풍도 더욱 강해집니다.

농업: 일부 지역에서는 작물을 기르기 더 쉬워지겠지만, 많은 곳에서는 사막화로 인해 작물 생산이 줄어듭니다.

환경에 끼치는 영향

사람에 끼치는 영향

산불: 점점 더 자주 일어나고 있습니다.

질병: 사람과 병원체가 이곳저곳으로 이동하면서 질병 패턴도 변합니다. 예를 들어, 2억 8000만 명이 추가로 말라리아에 노출될 위험이 있습니다.

생태계: 급격한 변화를 겪고 있습니다. 예를 들어 만약 기온이 3℃ 이상 높아지면, 전 세계 산호초 대부분이 사라집니다.

이주: 앞으로 30년 사이에 기후 변화로 1억 4000만 명 이상이 살던 곳을 떠나 이주하게 될 수 있습니다.

생물다양성 감소: 기온이 산업혁명 이전보다 2℃ 이상 올라가면 전체 생물종의 5%가 멸종할 수 있습니다.

홍수: 탄소 배출을 대단히 많이 줄이지 않으면 3억 명이 매년 적어도 한 번 이상의 홍수를 겪게 됩니다.

기후 변화에 대처하기

상황이 아무리 어려워 보인다고 해도 아직은 기후 변화를 억제할 수 있는 여러 가지 방법이 있습니다. 국가와 사회, 개인적인 차원에서 제각기 할 수 있는 활동이 있지요.

지구공학 프로젝트: 지구의 기후 시스템을 바꾸는 계획입니다. 인공 나무를 만들어 대기 중의 이산화탄소를 빨아들이는 것도 한 가지 방법입니다. 거대한 거울을 설치해 태양 에너지를 다시 우주로 반사하자는 아이디어도 있습니다. 이런 방법은 논란의 여지가 많고 아직 기술이 부족합니다.

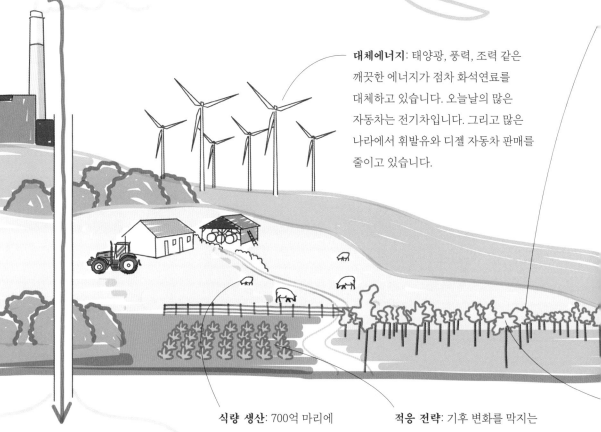

대체에너지: 태양광, 풍력, 조력 같은 깨끗한 에너지가 점차 화석연료를 대체하고 있습니다. 오늘날의 많은 자동차는 전기차입니다. 그리고 많은 나라에서 휘발유와 디젤 자동차 판매를 줄이고 있습니다.

이산화탄소 포집: 현재 개발 중인 기술입니다. 발전소에서 폐기물로 흘러나오는 기체에서 이산화탄소를 포집해 안전하게 지하에 저장하는 방법이지요. 그러면 대기 중의 이산화탄소가 늘어나는 것을 막을 수 있습니다.

식량 생산: 700억 마리에 달하는 전 세계의 가축 대다수는 공장형 축사에서 집중적으로 생활합니다. 이런 방식의 사육은 대기 중으로 엄청난 양의 온실가스를 방출합니다. 그래서 오늘날 많은 사람이 소규모의, 지속 가능한 농업을 지향해야 한다고 주장합니다.

적응 전략: 기후 변화를 막지는 못해도 그 부정적인 영향을 최소화하려는 전략을 말합니다. 예를 들어, 열기에 강한 새로운 변종 작물을 재배할 수 있습니다.

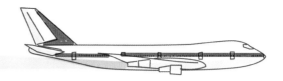

탄소 상쇄 계획: 환경 보존에 투자함으로써 탄소 방출을 상쇄하는 방법입니다. 예를 들어, 비행기 여행으로 방출한 이산화탄소를 상쇄하기 위해 나무 심기에 더 많은 돈을 기부할 수 있습니다.

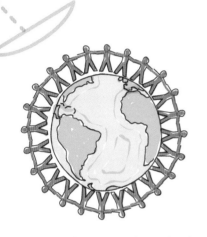

국제 협정: 2016년 약 200개국이 지구온난화를 억제하기 위한 국제 협약인 파리 협정에 서명했습니다. 오늘날 많은 나라가 이 목표를 달성하기 위해 상당한 진전을 보이고 있지만, 아직도 협정에 참여하지 않은 나라도 있습니다.

나무 심기: 기후 변화에 대처하는 가장 쉽고 저렴한 방법입니다. 나무는 자라면서 이산화탄소를 흡수해 가둡니다. 많은 나라에서 계획적으로 나무를 심고 있습니다.

생활 습관 바꾸기

지구를 지키기 위해 다양한 일을 할 수 있습니다.

고기 적게 먹기: 가능하다면 자유롭게 풀어놓고 기른 유기농 가축의 고기를 먹는 편이 좋습니다. 현지에서 난 제철 농산물을 구입하면 농산물의 수송 거리가 줄어들어 탄소 배출을 줄이는 데 도움이 됩니다.

쓰레기 줄이기: 세계에서 생산되는 식량의 3분의 1은 쓰레기가 됩니다. 식량을 쓰레기로 버리지 않는다면, 식량 생산 과정에서 나오는 온실가스 배출량의 약 11%를 줄일 수 있습니다.

현명하게 여행하기: 짧은 거리는 걷거나 자전거를 타세요. 먼 거리는 대중교통을 이용하거나 공유 자동차를 이용할 수 있습니다. 비행기를 적게 타고, 가능하다면 버스와 기차로 여행하세요.

서늘하게 지내기: 사람들은 집을 밝히고 물을 데우는 데 필요한 에너지의 양을 무시하는 경향이 있습니다. 그러니 집 안 온도를 조금 낮추세요. 가능하다면 신재생 에너지를 난방에 사용하세요.

생물다양성 감소와 멸종

생물다양성 감소와 멸종, 자연 파괴는 하나하나가 기후 변화만큼이나 인류에게 큰 위협입니다.
멸종하는 생물은 언제나 있지만, 멸종률이 치솟으면서 짧은 기간에 수많은 종이 사라질 때도 있습니다.
이런 현상을 **대멸종**이라고 합니다. 지구가 태어난 이래 지금까지 모두 다섯 번의 대멸종 사건이 있었습니다.
오늘날 과학자들은 우리가 **여섯 번째 대멸종**을 겪고 있다고 이야기합니다.

오늘날의 멸종률은 인간이
존재하기 전의 1000배나 됩니다.
이는 인간의 활동이 지금의 멸종
위기를 초래하고 있다는 뜻입니다.

멸종 위기종

현재 인간의 활동은 수백만 종의
동식물을 멸종 위기로 몰아넣고
있습니다. 앞으로 수십 년 안에
많은 종이 사라질지도 모릅니다.

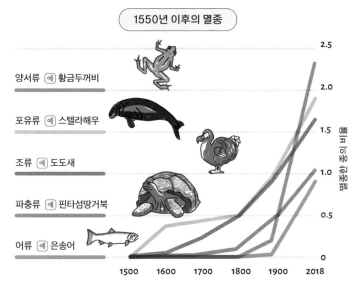

1550년 이후의 멸종

- 양서류 [예] 황금두꺼비
- 포유류 [예] 스텔라해우
- 조류 [예] 도도새
- 파충류 [예] 핀타섬땅거북
- 어류 [예] 은송어

(세로축: 멸종한 종의 비율 — 0, 0.5, 1.0, 1.5, 2.0, 2.5)
(가로축: 1500, 1600, 1700, 1800, 1900, 2018)

아래 그래프는 양서류의 40%, 산호초의 거의 33%, 포유류의 25% 이상이 멸종에 지면해 있다는 사실을
보여줍니다. 무척추동물의 수도 빠르게 줄어들고 있습니다.

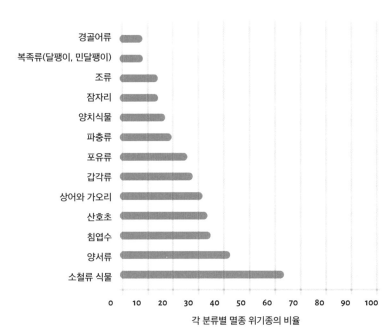

각 분류별 멸종 위기종의 비율

(세로축 항목: 경골어류, 복족류(달팽이, 민달팽이), 조류, 잠자리, 양치식물, 파충류, 포유류, 갑각류, 상어와 가오리, 산호초, 침엽수, 양서류, 소철류 식물)
(가로축: 0, 10, 20, 30, 40, 50, 60, 70, 80, 90, 100)

지구의 생물다양성은 매우
중요합니다. 자연이 우리에게 해주는
많은 일은 대체 불가능합니다. 자연은
우리에게 식량과 에너지, 의약품,
재료를 제공합니다. 깨끗한 공기와
맑은 물, 작물을 기를 수 있는 땅도
줍니다. 물을 분배하고, 기후를
조절하고, 꽃가루받이를 하고, 해충을
구제하기도 하지요. 생물다양성이
떨어지면 이 모든 혜택을 잃을 수
있습니다. 인간은 자연의 일부입니다.
자연이 없으면 살 수 없습니다.

위협받는 생물다양성

생물다양성은 생물종이 멸종할 때뿐 아니라 집단의 개체수가 줄어들 때도 감소합니다. 지난 50년 동안 포유류와 조류, 어류, 파충류의 수는 약 60% 줄어들었습니다. 동물의 자연 서식지는 크게 다섯 가지 위협을 받고 있습니다.

서식지 파괴: 타파눌리 오랑우탄은 2017년이 되어서야 별개의 종으로 분류되었습니다. 수마트라섬의 정글에 살지만, 지금은 800마리밖에 남지 않았습니다. 벌채와 금 채굴, 앞으로 예정된 댐 건설로 오랑우탄의 생존은 위협받고 있습니다.

남획: 천산갑은 온몸이 비늘로 덮여 있습니다. 아시아 일부 지역에서는 천산갑 고기를 먹으며, 비늘은 전통 약재로 쓰입니다. 밀렵꾼은 불법으로 천산갑을 잡아가고 있습니다. 현재 천산갑은 세계에서 불법 거래가 가장 많이 이루어지는 동물입니다.

오염: 지난 40년 동안 바다의 플라스틱 쓰레기는 수십 배로 늘어났습니다. 이런 쓰레기는 바닷새와 바다거북, 해양 포유류에게 위협이 됩니다. 쓰레기를 먹거나 쓰레기와 몸이 엉킬 수 있기 때문입니다. 전 세계 바다거북의 절반 이상이 플라스틱을 먹었고, 매년 1억 마리 이상의 해양 동물이 플라스틱 때문에 목숨을 잃고 있습니다.

기후 변화: 브램블 케이 멜로미스는 호주의 한 섬에 살았던 설치류입니다. 기후 변화로 해수면이 상승하자 섬은 계속해서 침수 피해를 입었습니다. 2019년 멸종한 브램블 케이 멜로미스는 기후 변화로 멸종한 첫 번째 포유류가 되었습니다.

외래종 침입: 다른 지역에서 온 외래종이 생태계에 들어오면 원래 그곳에 살던 토착종과 경쟁해 밀어내기도 합니다. 뉴질랜드의 카카포는 멸종 위기에 처한 앵무새입니다. 쥐와 족제비를 비롯한 외래종이 알을 훔쳐 먹고 서식지를 파괴하면서 수가 급감했습니다.

생태계와 생물다양성 유지

세계 인구가 늘어나면서 사람은 더 많은 폐기물을 만들고
더 많은 자원을 사용합니다. 이것은 환경과 생태계에
부담이 됩니다. 생태계를 보존하고
생물다양성을 강화하기 위해서는
여러 가지 방법이 있습니다.

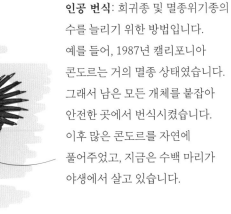

인공 번식: 희귀종 및 멸종위기종의
수를 늘리기 위한 방법입니다.
예를 들어, 1987년 캘리포니아
콘도르는 거의 멸종 상태였습니다.
그래서 남은 모든 개체를 붙잡아
안전한 곳에서 번식시켰습니다.
이후 많은 콘도르를 자연에
풀어주었고, 지금은 수백 마리가
야생에서 살고 있습니다.

재야생화: 자연이 번성할 수 있도록 땅과 자원을
자연에 되돌려주는 간단한 방법입니다. 때로는 사라진
종을 다시 도입하기도 합니다. 예를 들어, 땅거북이
거의 멸종 상태였던 갈라파고스제도에 땅거북을 다시
돌려놓은 적이 있습니다. 땅거북이 번식한
결과 지금은 1500마리 이상이 그곳에
살고 있습니다.

첨단 기술: 보존운동가들도 유전공학과 줄기세포
등의 첨단 기술을 점점 더 활용하고 있습니다.
과학자들이 냉동 정자와 새로 채취한 난자를
시험관에서 수정해 멸종 위기인 북부흰코뿔소를
구하려고 노력 중인 사례도 있습니다.

서식지 보호: 국립공원과 자연보호구역 같은 보호 구역은 생태계를 보존하거나 재생하는 데 도움이 됩니다.
바다도 보호할 수 있습니다. 현재 1만 3000여 곳이 넘는 보호 구역이 있으며,
바다 전체의 2%를 차지합니다. 이 중 절반은 물고기를 잡을 수 없는 어업
금지 구역입니다. 덕분에 바다의 물고기 개체수를 회복할 수 있습니다.

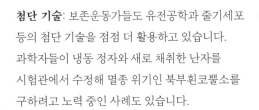

불법 거래 박멸: 야생동물 불법 거래는 야생동물에게 큰 위협입니다. 국제 상아 거래는 금지되어 있는데도 매년 2만 마리의 아프리카코끼리가 죽임을 당하고 있습니다. 각국의 정부는 새로운 법을 만들고 붙잡힌 범죄자를 처벌하려고 노력 중입니다. 동물을 보호하기 위해 순찰대원들이 열심히 일하고 있고, 사람들이 이런 상품을 구입하지 않도록 캠페인도 벌이고 있습니다.

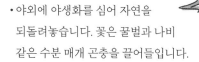

세계적인 변화: 기후 변화에 맞서 싸우고, 오염을 줄이고, 서식지 파괴를 멈추고, 폐기물을 덜 배출하기 위해 모든 국가가 손을 잡고 노력해야 합니다.

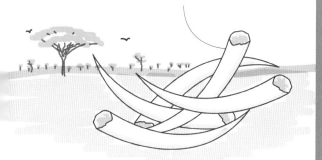

야생동물을 돕는 법

야생동물을 위해 다음과 같은 일을 할 수 있습니다.

- 야외에 야생화를 심어 자연을 되돌려놓습니다. 꽃은 꿀벌과 나비 같은 수분 매개 곤충을 끌어들입니다.

- 정원을 너무 열심히 가꾸지 않습니다. 마구 자란 화단, 낙엽, 어수선한 공간은 다양한 생물의 서식지가 됩니다.

외래종 침입 대처: 독약과 덫, 감시 장치, 탐지견을 이용해서 외래종에 대처합니다. 뉴질랜드에서는 매년 2500만 마리의 새가 외래종에게 죽임을 당합니다. 뉴질랜드 정부는 '포식자 없는 2050년'이라는 계획을 세워 그때까지 뉴질랜드의 외래종 척추동물 포식자를 완전히 없애려고 합니다.

- 공간이 있다면, 연못을 만듭니다. 수많은 곤충과 무척추동물이 연못을 찾게 됩니다.

- 야생동물과 환경을 보존하는 단체에 후원합니다.

점점 늘어나는 인구를 부양하기에는
자원이 충분하지 않다.

인구 과다

삼림 파괴와 서식지 감소는 생물다양성
감소를 초래한다. 기후 변화를 악화한다.

자연 서식지 파괴

인류세

인간 서식지 증가

인류의 시대라는 뜻.
새로운 지질학적 시대로 정의하자고
제안했다. 인간의 활동은 세계적인
변화를 일으키고 있다.

사람은 얼음으로 덮이지 않은 땅의
3분의 2를 농지나 도시로 사용한다.

21세기의 생물학

자연은 외래종 침입, 기후 변화, 서식지
파괴를 비롯한 다양한 위협을 받고 있다.

서식지 보호, 인공 번식, 불법
야생동물 거래 박멸, 재야생화 등
다양한 보존 노력이 필요하다.

원인

대처

멸종률은 증가하고 있으며, 개체 수도 줄어들고 있다.
수백만 가지의 생물종이 위험에 처해 있다.

개체수 감소와 멸종

생물다양성 감소

파급 효과

수분, 식량 생산 등 사람이 의존하는
필수적인 생태계의 기능을 잃는다.

지난 200년 동안 대기 중의 이산화탄소 농도는
3분의 1 정도 높아졌다.

대기 중의 기체가 태양열을 가두어 놓는
현상. 지구를 생명체가 살 수 있는 곳으로
만들지만, 지구온난화를 일으킨다.

화석 연료 연소, 농업, 음식물 쓰레기 등
다양한 요소가 기후 변화를 일으킨다.

온실효과

온실가스

원인

증거

기온 기록, 계절 변화, 해양 산성화 등
다양한 현상으로 기후 변화의 현실을
확인할 수 있다.

기후 변화

대처

기후 변화를 억제하려면 커다란
변화가 필요하다. 예를 들면 대체
에너지원, 나무 심기, 탄소 포집,
생활 습관 변경 등

사람에게 끼치는 영향

세계적으로 무서운 영향을 끼친다.
예를 들면 이주, 난민, 질병, 분쟁 등

환경에 끼치는 영향

세계적으로 무서운 영향을 끼친다.
예를 들면 해수면 상승, 극단적인
기후, 잦은 산불, 생물다양성 감소 등

지구적 재순환

사람의 활동은 전 지구적인
재순환에 영향을 끼친다.
예를 들어, 질소가 풍부한
비료는 물로 흘러 들어가
수생 생물을 질식시킨다.

세계적으로 숲이 줄어들고 있다.
지구 온난화에 기여하며, 원소의 지구적
재순환에 영향을 끼친다.

삼림파괴

지구 위험 한계선

지구를 거주 가능한 곳으로 유지하기 위해 안전 영역에
머물러야 할 환경 현상. 네 가지 경계가 이미 깨졌다.

지은이

헬렌 필처 Helen Pilcher

영국 킹스 칼리지 런던의 정신과학·
심리학·신경과학연구소(IoPPN)에서
세포 생물학 박사 학위를 받았다.
왕립학회의 '사회 속의 과학'
프로그램을 운영했으며, 과학
작가로 《네이처》, 《가디언》, 《BBC
와일드라이프》 등에 글을 기고해왔다.
2022년에는 '큰 변화를 가져온 작은
발명'이라는 주제로 TEDx 강연을 했다.
『라이프 체인징: 인간이 지구의 삶을
바꾸는 방법Life Changing: How Humans
are Changing Life on Earth』은 《타임스》
2020년 올해의 과학책으로 선정되었다.

옮긴이

고호관

서울대학교 과학사 및 과학철학 협동 과정에서
과학사로 석사를 마치고 《동아사이언스》에서
과학 기자로 일했다. SF와 과학 분야의 글을
쓰거나 번역한다. 지은 책으로 SF 앤솔러지
『아직은 끝이 아니야』(공저)와 『우주로 가는 문,
달』『술술 읽는 물리 소설책 1~2』『누가 수학 좀
대신 해 줬으면!』 등이 있으며, 『하늘은 무섭지
않아』로 제2회 한낙원과학소설상을 받았다.
옮긴 책으로 『수학자가 알려주는 전염의 원리』
『인류의 운명을 바꾼 약의 탐험가들』『뻔하지만
뻔하지 않은 과학지식 101』『인류를 식량
위기에서 구할 음식의 모험가들』 등이 있다.

태어난 김에 생물 공부

한번 보면 결코 잊을 수 없는 필수 생물 개념

펴낸날 초판 1쇄 2024년 6월 14일

초판 4쇄 2024년 10월 25일

지은이 헬렌 필처

옮긴이 고호관

펴낸이 이주애, 홍영완

편집장 최혜리

편집2팀 박효주, 홍은비, 이정미

편집 양혜영, 문주영, 장종철, 한수정, 김하영, 강민우, 김혜원, 이소연

디자인 박소현, 김주연, 기조숙, 윤소정, 박정원

마케팅 정혜인, 김태윤, 김민준

홍보 김철, 김준영, 백지혜

해외기획 정미현

경영지원 박소현

펴낸곳 (주)윌북 **출판등록** 제2006-000017호

주소 10881 경기도 파주시 광인사길 217

홈페이지 willbookspub.com **전화** 031-955-3777 **팩스** 031-955-3778

블로그 blog.naver.com/willbooks **포스트** post.naver.com/willbooks

트위터 @onwillbooks **인스타그램** @willbooks_pub

ISBN 979-11-5581-723-0 (04400)

979-11-5581-721-6 (세트)